月照山林

美学随笔

陈 政◎著

江西美术出版社
全国百佳图书出版单位

图书在版编目（CIP）数据

月照山林：美学随笔 / 陈政著 . -- 南昌：江西美术出版社，
2024.9. -- ISBN 978-7-5480-9906-2

Ⅰ . B83-53

中国国家版本馆 CIP 数据核字第 20245ZG747 号

出 品 人　刘　芳
责任编辑　叶　启
特约编辑　刘香花
责任印制　汪剑菁
书籍设计　叶　启
封面集字　《怀仁集王羲之书圣教序》

月照山林
美 学 随 笔
YUE ZHAO SHANLIN: MEIXUE SUIBI

著　者　陈　政
出　版　江西美术出版社
社　址　江西省南昌市子安路 66 号
邮　编　330025
电　话　0791-86565819
网　址　www.jxfinearts.com
经　销　全国新华书店
印　刷　湖北金港彩印有限公司
版　次　2024 年 9 月第 1 版
印　次　2024 年 9 月第 1 次印刷
开　本　787 mm×1092 mm　1/16
印　张　23
ISBN 978-7-5480-9906-2
定　价　58.00 元

序：如何成为一个精神富有者

翁还童

一

"序"之本意是墙，在殷商时代作为学校之名。大概宗室之美，百官之富，可评介其上，因成一种规范。依我浅见，古来序文，大概可以分为以下几类：

其一为借题发挥，独立之文。其特点是，只用其题，不显其文。王羲之序《兰亭集》，即为此类。其游目骋怀，感时伤世，人生浩叹，畅快淋漓，而后之览者，终不得见，一星半点，歌者风韵。

其二为同道品鉴，知己之文。其特点是，惺惺相惜，搔到痒处。因为相知，就有附体式感知；又因为友情，难免夸饰，而千古文章，价值尚在溢美之外。余怀序《闲情偶寄》、沈春泽序《长物志》，即为此类。

其三为自道缘起，点题之文。其特点是，交代背景，言明发心。夫子有言，即使有周公之才，自矜且吝便不足观。因此，古人自序，不为自评，而为添彩。司马迁自序《货殖列传》，只道民生，陈述识见。鲁迅著作自序，多言创作初衷、时空人事。知堂则认为，写序是个苦差，从不劳烦别人，只略述来历，要言概况。

其四为高屋建瓴，超拔之文。其特点为慧眼独具，别有会心。陈政序体散文集《列岫云川》即为此类。此书序及诗歌、散文、书法、国画、电影、雕塑、摄影、人物甚至茶、酒、瓷等，以哲思禅意、空灵文字，展示作品气象，又于古今中外审视世界之美，构建一座美学华厦。学界赞之，古来序文，传承发展，有开创之功。

1

也有自序写成独立之文的，如熊培云《重新发现社会》一书，其自序《问世间国为何物》一文，不是对著作的评价，而是独立的文章，又是著作的有机组成。

至于唐宋送人赠言之文，与书序有别，姑且不论。而以某一理论去砍削艺术枝丫，以黑白价值去雌黄人物之文，虽一度前言于中外名著，实乃斯文之耻，不值一提。

如此这般检点一番，自序之外，其一、四之类，多豪雄之文，自觉力有不逮，而知己难得，又岂可谬托？

无路可走，只有开一条出来。有人说，"序"应该像蛋糕上的樱桃。也许正是因为这样一种认识，使得作序者，天然处于一种俯视的位置。其实，对于一切佳作，我等凡俗之人，仰视，才是应有的姿态。

实际上，陈政先生的著作，除早期的有些无缘拜读外，凡收集到的，都是书架上的"神明"。从文体类别来说，《感觉的云朵》是诗歌，《列岫云川》是序文，《寻梦法兰西》是游记，《悟庐手札》是随笔。这些著作，让人看到，一个精神富有者，世界在他的笔下，是多么摇曳生姿、气象万千。

与之前读先生著作感受不同的是，这次读的是江西美术出版社打印的书稿，并要完成一篇放置于作品之前的小文。

甲辰年的除夕，我沐浴静心，开始展读这部《月照山林》，人间迎新的喧哗，都成为温暖的背景。小城虽禁燃，新春到来之际，仍响起烟花、爆竹的欢呼。书页翻动之间，不觉"故年随夜尽，初春逐晓生"。

语言的家园里，闪进一束光。好的作品有一种特质，就是每个读者都可以参与创作。连续两个晚上，我沉浸于美学世界，正如过年的愉悦。掩卷思之，我要来写一篇读书笔记，至于其归类，相信车到山前必有路。这篇笔记的要旨，可概括为三点：其一，什么是美学？其二，为什么谈美学？其三，怎么样谈美学？

二

什么是美学？这个问题，是想讲一讲，这部美学随笔，是一本怎样的书。

《现代汉语词典》对"美学"的解释是："研究自然界、社会和艺术领域中美的一般规律与原则的科学。主要探讨美的本质，艺术和现实的关系，艺术创作的一般规律等。"

陈政先生的美学随笔，不是高头讲章，而是自己对于美学现象的一些思考与认识。简单来说，这本《月照山林》可以归为美学普及或者审美入门之书，涉及美学思考、名画欣赏、书法理论、雕塑解读等。从美学理论到审美实践，从中外艺术名家到世界艺术杰作，漫步古今中外，融会艺术、哲学、宗教，文图照应，自出机杼。

先生告诉我们，人类所追求的基本价值，就是真、善、美。"真"有逻辑学，"善"有伦理学，而洞开美学大门的，是 18 世纪德国哲学家鲍姆加登和康德。但是，从远古图腾，到青铜饕餮；从风雅理性，到楚汉浪漫；从魏晋风度，到盛唐之音；从山水意境，到市民文艺，我们也与美偕行。

先生从一些常见的审美现象出发，用自己的思考，唤起人的美学意识。略举几例，以见片羽。

关于意象。先生从朋友的国画入手，缕析寓"意"之"象"。主观情思，托付客观对象，谓之意象。也就是通常所说托物言志，借景抒情。如"松梅竹菊寓高洁，借月托雁寄乡思"之类。其好处，一是可以将抽象的情感，寄托到具体的物象上，使表达更加鲜明生动；二是相似的情思，可以借助不同的物象，创造出独特的艺术表达；三是难言之理，物象代之，拓展想象空间，营造回味余地；四是寓意于象，可以与现实保持距离，避免功利之尴尬。中国艺术以"隐"为要，强调象外之象，言外之意，景外之景，韵外之致，追求言有尽，而意无穷。

关于悲壮。此处，先生从诗歌入手，营造悲壮之美。这首诗是清代赵翼的《题遗山诗》，其中有名句："国家不幸诗家幸，赋到沧桑句便工。"遗山，即元好问，金人，文学家，有名句"问世间，情是何物，直教生死相许"。金亡，元好问不接受蒙古国官职，编辑金国文献，保存故国文字。人有悲壮之节，诗存悲壮之气。

关于移情。这是一个心理学概念，也是审美的重要手段。先生从哲学故事入手，解读这种现象。《庄子·秋水》里，载有"子非鱼"的故事。惠施从哲学角度出发，认为庄子不能知道鱼之乐；庄子从审美心理出发，觉出鱼之乐。可见，移情让人精神世界丰富。朱自清认为，移情是放飞自我的钥匙，让自我进入非自我，可以与鸢飞，可以随鱼跃。

关于联想。由一种事物的经验，想起另一种事物的经验，这种心理，广为人知，也运用较多。先生从诗歌、绘画、音乐等多种艺术门类，来阐释其三大定律，即接近律、对比律、相似律。相近联想，让人回忆，形成眷恋美感。相对联想，形成反差，增加感染强度。相似联想，多指事物性质类似，形成象征意味。张潮《幽梦影》有句："因雪想高士，因花想美人，因酒想侠客，因月想好友，因山水想得意诗文。"这种有典故，有距离，有深度，有画面的联想，饱含深情，令人泣下。

还有，既谈直觉，也谈再现；既考神形之辨，又探象外之象。尤其从生活进去，从哲学出来，一时心不随缘，无声无息，体验"无言独化"；又或心底澄澈，忽出时间之外，感受"山静日长"。

三

为什么谈美学？这个问题，是想看一看，陈政先生为什么会撰写这本书？

一部作品的价值高低，许多时候，取决于其是否有问题意识，能否让我们认识自己，思考与回应人生境遇。

虽然书中并没有提出这个问题，但是，我们从字里行间，可以看到，先生对这个问题的回答。

先生是厚道人，以一个美学家的眼光来看，生活中的审丑，可谓随处可见，但先生很少提到。先生只提到一项调查：在上海这样一个足以代表我国文明发展进程的城市，小孩子从读幼儿园到大学毕业，去过博物馆、美术馆和图书馆听讲座的只占26%。而在法国，这一比例是90%，人们从小就会到博物馆等地去听讲座。从这一点上来说，我国审美能力的教育，还有很大的提升空间。

先生认为，中国教育有一个大问题，就是只有励志教育，而缺乏闲情教育。几千年来，我们都在教一代又一代的小朋友努力学习，建功立业，而不去教他们怎么"玩"，认为玩物必然丧志。生命只有一次，如果一生只是用来竞争与奋斗，没有休闲，或者不知道怎样休闲，就不会充分享受到生命的快乐。我们看到，因为沉迷物质欲望，又常难满足，多少人意志消沉，多少人未老先衰，多少人脱离岗位。人生的意义，必须自己寻找，否则就没有意义。闲情教育，就是让你懂得，人生可以有与别人不一样的标准。

我们知道，人的精神世界，由三部分组成：一是艺术，二是哲学，三是宗教。艺术是追求个性的，而我们常常以群体教育为主。人一旦乐于从众，放弃独立思考，往往陷于催眠状态，智力、判断力自然下降，缺乏创造。哲学是教人对世界持质疑态度的，而我们喜欢搞"罢黜百家，独尊儒术"，还喜欢相信"放之四海而皆准"的学术。宗教本身是一种精神价值，我们既视之为鬼神，又敬而远之；民间常将其功利化，烧香礼拜，求神问卜，而不是作精神追求，修建人性的篱笆。唯物的世界，人死如灯灭，不取高贵的指引，没有灵魂的安顿。此消彼长，人的精神境界越来越低，物质欲望越来越高，许多人成为金钱与权力的囚徒。

在美学随笔中，先生特别谈到蔡元培的"美育代宗教"。两者都有超越物质束缚，追求精神价值，实现生命圆满的宗旨。而美育有开放、包容的特性，可以创造无限丰富的精神空间，更易被大众接受。

冯友兰说，人类为什么要学哲学，是为了心安理得地活着。

陈政先生认为，没有美感的世界，只能是动物的世界，是非人的世界。《寻梦法兰西》这部著作，触摸世界人文与艺术的脉搏，用文字为我们建立起一座美学博物馆，其中有反躬自问：人，本来是可以快乐地生活的，为什么我们只选择竞争，只选择激烈，只选择亢奋，只选择叹息？

四

怎么样谈美学？这个问题，是来聊一聊，先生是如何撰写这本美学随笔的。

其一，从绘画入手。既有外国名家画作，也有中国山水经典。有些重点看画，有些重点谈画家。先生看画的思考与认识，能引起人特别的审美体验。如米勒的油画《拾穗者》，先生将其与辛弃疾词《西江月·夜行黄沙道中》进行比较，稻香、丰年、田园、牧歌，诗情画意里，有对艰苦劳作的共情，也有对农家生活的挚爱。又用传统美学"意境"，来解读这幅西方油画，得到乡愁、成长的意趣。

其二，从书法入手。先生认为，当代中国社会，书法教学、书法讲座、少年书法、老年书法、书法拍卖，显出一派繁荣。真实的一面却是：许多人不会用毛笔，甚至不拿笔了。人们用声音，用键盘，用鼠标，甚至用身体来传达信息。在远离书法的时代，需要普及书法常识。

所以，在这本书里，先生只谈书法之技法，即讲书法的笔法、字法、章法、墨法。关于笔法，主要回忆自己小时如何执笔，如何运笔及要领与心得。关于字法，主要讲如何结构，形成书写风格。字法是从写字上升为艺术的重要通道。关于章法，主要讲布局。如果说字法是个体运动，是独奏，那么章法就是团体操，是合奏。关于墨法，主要讲藏墨、着墨、飞白等用墨技巧及审美现象。

先生认为，书法是一种人生状态的记录、生命体验的符号。因此，他主张书家应该写自己的作品。"书法，过去是，现在是，将来必然是中国的文化指纹。"

其三，从雕塑入手。先生认为，雕塑是大地上的诗行，了解其中的美学，对提高我们的生活品位是非常有益的。因此，先生将其系统讲来，既讲雕塑的概念与形式，又讲世界十大著名雕塑，还讲中国古今雕塑经典。先生告诉我们，他对艺术作品的评价，有三个标准，分别是文化厚度、思想高度和技艺表现度。

其四，从生活入手。先生的美学随笔，最多的是记录生活体悟，旅行、读书、赏画、听乐，或瞬间感受，或长久思考，都形成文字，之前已经集成《悟庐手札》。这本《月照山林》是其审美生活的又一成果。

品茗时，先生与我言：当我们生活在一个欲望横流的时代，注定无法诗意般生存时，我们只能去亲近诗意生活的替代品作为补偿。于是，从山野里生长的茶，就搭起了城市与田园之间的一座雅致之桥，是诗意般栖居的象征。品茶，如同踏雪寻梅，大雪天寻找那枝梅，恐怕没有任何功利目的，而是展示我们自身的人生美丽。

饮酒后，先生思之：酒，常常能将人的生存状态从常态调整为异态。浊酒解愁，开樽拍案，浮一大白，可以让人意气风发；细斟慢酌，低吟浅唱，吐出一口郁气，可以让人养心育灵。

住进朋友的民宿"可以居"，他能发现"可以文化"；到太平山喝茶，他为一款新茶命名为"樱花白"；入山寺，他体验到"禅修之美"；朋友举办摄影展，稍做浏览，先生即提炼出"云烟供养"的审美特质。不管是艺术美，还是社会美和自然美，其中的阳春白雪、仁爱礼乐、鸟语花香，不是先生去刻意找寻，而是在他人生的旅途上，遇到这些美好的朋友，不免要点头致意。

德国哲学家谢林说，没有审美感，人根本无法成为一个精神富有者。如何让自己的精神世界丰盈，读过陈政先生的这本美学随笔，我想应该可以找到答案。

五

去年10月初，先生拟于今年出版《月照山林》一书，嘱我为序。说实话，我有惊宠。一句话，就是觉得自己各方面都不匹配。先生是文化名家，也是我敬仰的地方贤达，因此又不敢推却。想起来，接受这一任务，我唯一能够说得过去的理由，是可以趁机学习一点美学知识，也可以得着先生作文的一些指教。

先生之前的书，都是名家、大家作序，我又瞎猜，他这次为什么把这么重要的任务，交给一个无名之辈，又完全是美学门外汉的人？我之前只能想到乡谊这一点。读过这本书稿后，我想到一个美学概念，叫作"心理距离"。丈量这个距离的尺子，叫作"超功利"。比如说，陆游喜欢听早上深巷卖花声，是因为他不是那个卖花人。这个审美趣味，关键是距离的尺度。这个尺度，哲学上表述为，熟悉的陌生感。正是因为我与艺术，特别是美学的距离，可以让这一行为，脱离俗套。康德说的"无利害而生愉悦"，总是有的。怕就怕，我距离太大，没有引起"熟悉"的快感，只让人得着一个"陌生"的感觉。

受命以来，我常想这个作业，应该如何做。前文谈到的四类序文，就是这些日子里，我瞎琢磨出来的。这些年来，我组织同道雅集，因为不会写诗，怕大家不跟我玩，每一次的采风作品专辑发布，我就试着写一篇诗序。八年多来，竟写下序文一百多篇。我给这些文字的定位是，开场锣鼓，鼓呼之文。好比是，一戏开演，要有一番锣鼓暖场；主角登台，先让配角烘托气氛。为难的是，这个写法，就算可以归为序文的第五类，如果用来指导我写《月照山林》的读书笔记，还是不尽相宜。

解铃还须系铃人。突然想起，本书中，有一篇随笔，叫作《述而不作之美》。"述而不作，信而好古"是孔子对自己的评价，意思是，阐述而不创作，相信并爱好古代文化。"述"与"作"，是人类文明演进的一对翅膀，缺一不可。如果说，创作歌曲是"作"，那么传唱歌曲就是"述"；发明汽车是"作"，驾驶汽车就是"述"。最能说明两者关系的，正是记录这句话的《论语》。没有弟子及再传弟子对孔子言论的回忆、记载、讨论、领悟，然后编辑成书、教化后世，就不会有中华文明里最为重要、影响最为广泛的这本经典。没有比附先贤的意思，仅取其审美意趣，我把这篇为《月照山林》而写的文字，归为序文的第六类，名之为：述而不作，传扬之文。记得小的时候，偶尔学得一首好听的歌，手之舞之，足之蹈之，迫不及待地就要唱给伙伴们听。

曾经看过《纽约时报》的书评，也有评论家取"述而不作"的态度，因为原文的金石之质，生怕转述时流失其重量与光芒，多直接引用原文，以表达对作品的激赏与折服。由此，我想到，那个蛋糕上的樱桃，并不是来自作序者的制作，而是来自对所序作品精彩的发现与采撷。

有一年春天，我有幸陪先生到乡间喝酒，到太平山问道，到螺丝田村漫步，到合港村看村民采茶、制茶。晚上喝茶谈话到深夜，以致失眠。如坐春风的美好时光过去，我做出一个谈话录，与同道共赏。当日心思，竟与此时相契：如今遵嘱序先生著作，亦好比是他文化高山路口的一个童子，指点一下云深之处的门径。

甲辰惊蛰于庐山西海虎啸堂

目次

第一篇
美学随笔

第二篇

寻美之旅

第三篇
读画随记

第四篇

笔韵与雕艺

第一篇

美学随笔

美是什么？

回答"美是什么"之所以困难，是因为它所要求的并不是对个别对象作审美判断或作经验性的描述，而是要求在各种美的对象中找出美的普遍本质，或者在与非审美对象的比较中找出其特殊的本质。

比如，黑格尔美学的方法论，大致可以用三句话来归纳：

一、世界是一个过程；

二、世界是一个肯定、否定、否定之否定的过程；

三、艺术是世界历史过程中的一个环节，同时也是一个过程。

与这三个过程对应的，就是自然界、人类社会、人的精神世界。

而人的精神世界，又由三个环节组成，即艺术、哲学、宗教。

"美"并不是固定的，而是"形而上"的。在"美"的概念下，包含着各种性质上极不相同的事物。从宏观世界到微观世界，如日月星辰，花草树木，各种劳动产品以至人物的品质、动作、相貌、表情、风度等，都可以作为审美对象，都可以是美的事物。

要在这些性质上极不相同的各种事物中概括出"美"的普遍

本质，当然是极困难的。再则，"美"还随着社会历史的发展和变化而相应地发展和变化着。

汉代的人以瘦为美，唐代的人以胖为美。有人喜欢象征型艺术，有人喜欢古典型艺术，有人喜欢浪漫型艺术。

俗话说，萝卜白菜，各有所爱。

真的是各美其美。

在动态的时空结构中，由于时代和社会的不同，"美"的内涵及其价值意义也就很不一样。综上所述，正是"美"的概念内涵的宽泛性、复杂性甚至变易性给"美"的本质笼上了一层神秘的难以揭开的面纱。

所以，将艺术划分成"前艺术""艺术"与"后艺术"，可以让我们更好地从美学的角度去理解艺术。

还有，审美判断既是主观的，又是客观存在的，只不过使用的标准差别太大，没法统一，也没有必要统一。这个世界也由此色彩斑斓起来。

审美

审美，是看待事物的眼光。"岸花飞送客，樯燕语留人"，"花"与"燕"本是无情物，但因人的"迁想妙得"，将物人化后，物便拥有了和人一般的心性，开始与人打招呼，绽放出万千意态。

当你用这样的态度欣赏这个世界时，世界便和你的美学有关了。

此刻，人已不再是世间之主宰，物也不必依价值高下而择取，天地有情，皆足可观。

"只有在你生命美丽的时候，世界才是美丽的。"

恽南田在评价他朋友唐洁庵的画时说：

"谛视斯境，一草一树，一丘一壑，皆洁庵灵想之所独辟，总非人间所有。其意象在六合之表，荣落在四时之外。"（《南田画跋》）

宋元以降，中国的山水画中，很少有人物出现了。

从表面上看，这似乎是传统绘画的构图需要，其实不然，这是有想法的艺术家在造一种"寂寞无人之境"。

他们认为：疏林瘦水，寂寞亭林是山水的典型面目。

"萧然不作人间梦，老鹤眠秋万里心。"（倪瓒语）

孟浩然也说：

"弃象玄应悟，忘言理必该。静中何所得，吟咏也徒哉。"

这里，孟浩然借用了佛学和道家哲学中的"弃象忘言"说，提倡诗歌创作的抒情言志、表情达意不必太直露，要有弦外之音，象外之旨。

弦外之音比弦内之音好听，象外之旨比象内之旨丰富，这是中国古典美学原则。

《月照山林》 清代 恽南田

艺术性空白

接受美学认为文学作品所使用的语言是一种具有美学价值的表现性语言。这种语言包含了许多"未定点"和"意义空白"，它促使文学作品的语言含蓄、模糊。

这种含蓄与模糊被称为"艺术性空白"。

艺术性空白能够激发读者的审美参与积极性，吸引和召唤他们参与文本创作，令读者在一个不断建立、改变、再建立的螺旋式上升的阅读体验过程中，凭借个人的想象力、人生经验和审美意识，对艺术作品的不确定意义进行加工、补充、挖掘、丰富和创造，最终完成自己对作品的理解。

读者对文本的参与度越高，其获得的美感强度就越强。

从观念上去体味艺术家的良苦用心，离审美本质更近。

《湖畔幽思》　摄影　张贞宁

诗化的世界

如何让时间停滞却又能流淌，如何让空间回旋起来却又能定格，如何在物理空间之外创造更加广阔的联想空间和情感空间，是真正的艺术家必须思考的问题。

知性与感性的把握与适配，是一切艺术创作的不二法门。

知性重客观，感性重主观；知性重分析，感性凭直觉。

知性应该言之有物，感性则要动之以情。

好的作品往往能够兼容二者。

席勒说：

"你不得不逃避人生的煎逼，遁入你心中静寂的圣所。只有在梦之国里才有自由，只有在诗中才有美的花朵。"

《大地之诗》　摄影　张贞宁

　　艺术，本质上就是以诗化的世界去抵御机械化和功利化的世界。

　　"思，就是使你自己沉浸于专一的思想，它将一朝飞升，有若孤星宁静地在世界的天空闪耀。"（海德格尔《诗人哲学家》）

　　而所谓诗化的世界，其实就是到处凿洞，大洞小洞，圆洞扁洞，然后，让光进来，照在我们身上，照进我们心里。

　　创作艺术品、打造风景名胜，本质上也是凿洞，有光进来，便是凿洞的成功。

　　大艺术家、大文学家、大旅游景点的策划创意者，往往能给我们引来光，于是我们就：有了光！

　　张贞宁先生的"重构山河"，为我们送来了束束高光。

　　换句话说，张贞宁先生在为我们营造一个诗化的世界。

崇高之美

　　"崇高"和"优美"，从来就是美学领域的一对重要概念。

　　最早提出"崇高"这一概念的，是古罗马时期希腊修辞学家朗吉努斯。

　　朗吉努斯，比贺拉斯出生晚大约一个世纪，被称为自亚里士多德以来的最伟大的文艺批评家。他的《论崇高》则是除贺拉斯《诗艺》以外，对后代影响最大的古罗马时期的文艺理论著作。

　　在西方美学史上，"崇高"范畴的最早提出，是和文章的风格联系在一起的。朗吉努斯所讲的"崇高"，其含义比近代以来的崇高概念更为广泛，其中包括"伟大"、"庄严"、"雄伟"、"壮丽"、"尊严"、"高雅"、"古雅"、"遒劲"、"风雅"等。

　　朗吉努斯所认为的"崇高"风格应该具有以下特征：高雅、深沉、不同凡响的意味，激昂、磅礴、如火如荼的热情，旷达、豪放、宛若浩海的气概，刚劲、雄健、炮击弩发的劲势，以及高超、绝妙、光芒四射的文采。

　　他反对的是因标新立异而产生的浮夸、幼稚、矫情，具体包括：无病呻吟、言不由衷的浮夸，琐碎无聊、想入非非的幼稚，误用感情、矫揉造作的矫情。

　　朗吉努斯认为："崇高风格是伟大心灵的回声。"

《日照金山》　摄影　张贞宁

《霞光万道·5》 摄影 张贞宁

朗吉努斯当然是从修辞学的角度来探讨"崇高"风格的，到了英国的经验派美学家柏克，才算真正把"崇高"列入了美学的重要范畴。

饶有意趣的是，许多美学家（包括柏克）认为崇高感的主要情感内容是恐惧，崇高感以痛感为基础。

但这里又要做一个严格的区分：实际生命面临的恐惧与崇高美里讲的恐惧不完全一样，甚至完全不一样。

换句话说，实际生命面临的恐惧是一种纯粹的痛感，而"崇高"的对象虽然也会引起我们的危险和痛苦的感觉，但不会使我们真正陷入危险和痛苦的境地。

例如，当年红军在井冈山的斗争，面对敌人一次又一次地围剿，真正的经历者是一定会有恐惧感和痛感的。而今天我们上井冈山，身临其境地去体验当年的反"围剿"，会有一点点恐惧感或痛感，但更多的却是崇高感。

再举一个例子，如果我们在山里走路时，突然遇到了一只猛虎，这时候我们只有恐惧感而不会产生崇高的美感。但当我们在动物园里欣赏那只被关在笼子里的猛虎时，因为不存在生命的实际危险，便会

因猛虎的力量、威猛的身姿等形象而引发崇高美。

崇高感里包含着恐惧感和痛感，但却因为时空距离产生了安全感，进而引发了自豪感和胜利感。

对"崇高"对象的恐怖情绪并不会威胁到人的生命。

我们今天读毛泽东的《西江月·井冈山》，"敌军围困万千重，我自岿然不动"，便只有崇高感而没有恐惧感。

于是，文学艺术作品中的崇高美就从经验事实这一沼泽里腾跃了出来。

回到艺术创作，要塑造崇高美，前提是必须制造恐惧感和痛感。

崇高美的美感愉悦，不仅仅是感官愉悦，而是交织着深刻的理性思维和巨大的伦理情感的愉悦。

席勒说：

"美始终是欢乐的、自由的，崇高则是激动的、不安的、压抑的，需要纵身一跃，才达到自由。"

由崇高对象所引起的恐惧、惊叹、崇敬等心理活动，都能让心灵受到强烈的震撼。

或许这也是一种"诗外的功夫"。

悲壮之美

处于荒郊野岭之中，极容易体会到悲壮美。

斜阳衰草，西风残照，古道瘦马，月映孤村往往比杏花春雨江南还要让人震撼。

从诗词学的角度看，这些意象已然接近赵翼说的"赋到沧桑句便工"了。

让我们重温一下清代史学家赵翼先生的这首《题遗山诗》：

"身阅兴亡浩劫空，两朝文献一衰翁。无官未害餐周粟，有史深愁失楚弓。行殿幽兰悲夜火，故都乔木泣秋风。国家不幸诗家幸，赋到沧桑句便工。"

遗山，便是元好问。元好问是金末文学家，就是写下那句"问世间，情是何物，直教生死相许"的诗人。

金朝灭亡后，元好问作为金朝的文化名人，成了蒙古人的俘虏，所以赵翼在诗中说他"身阅兴亡"。

赶上国家兴亡的大浩劫，元好问的感怀自然深沉痛苦，写诗的素材也会更多，这就是赵翼诗中所说的"诗家幸"了。

"无官未害餐周粟"，赵翼对元好问的品行给予了高度评价。虽然做了蒙古人的俘虏，但元好问没有接受蒙古帝国的官职，这让后人对他极为推崇，赵翼把他比作伯夷和叔齐。伯夷和叔齐反对武王伐纣，宁肯饿死也不吃周王朝的米，气节让人敬佩。所谓"气节"，就是羞

《素影》 摄影 张贞宁

耻心。倘若事前持反对意见，事后见了利益又扑上去，那就让人鄙夷了。元好问虽然成了俘虏，但他就是不肯做蒙古帝国的官，这也是很有气节的。

"有史深愁失楚弓"，赵翼对元好问为保存金国历史文献所做的贡献给予了高度评价。元好问通过编辑诗集，保存了金国的文献和历史。历史文献和楚王良弓还不一样。楚王的良弓遗失了，楚人见到，一定会拾起来的，因为弓箭的用处显而易见。历史文献则不然，金朝的文献有汉字的，也有蝌蚪文的，文献会遗失，精通蝌蚪文的人也会过世，元好问若不保存整理，遗失的文献一定会很多。

这两句是对元好问由衷的肯定。

作为与宋对峙的金朝的名人，可以想象，元好问在汉人书写的历史中的位置是颇为尴尬的，但他用真、善、美，弯道超车，稳稳地停靠在人生应当停靠的港湾上。

无常，是必然；有常，是偶然。天道也！

武宁县城湖滨东路，升级改造尚未完成，在此散步，不但可以饱览湖光水色，偶尔也能找到些许荒郊野外的感觉。

不知何故，只要我走在这条路上，元好问的"问世间，情是何物，直教生死相许"便浮现出来。

湖，在我眼中真的幻化成了海，浩淼的乡情之海。

萧散之美

蓝天白云，或许很多人都可以拍得到，但蓝天白云下的那匹悠然的白马，与湛蓝的天空，与散淡的白云，还有那抹微微泛红的树丛全部被收纳到一个画面当中，就不是谁都能捕捉得到的了。

什么是天静日长？这就是。

什么叫萧散之美？这就是。

我们知道，人类理性抵达不了的地方，才需要述诸艺术这辆马车。

所以，任何艺术所表现的形式，具象也好，抽象也罢，都只可能是手段，而不能构成目的。

已经过去的 20 世纪，在艺术探索上狂飙突进。抽象画的出现大大拓宽了造型艺术的领域，为绘画提供了新的手段与表现形式，让传统绘画中的点、线、面，色彩与明暗，在二维平面上获得了柳暗花明的特殊效果。

争论的焦点在于要不要在抽象中保留哪怕一点点具象。

我想任何事物原本都有自己生生不息的道理。

事物之间的差异化，可能是需要我们认真考虑的事情。

张贞宁先生的摄影作品，符合抽象与具象关系相协调的美学原则，是追求中国艺术精神的阳关大道，正所谓：

"以月照之偏自瘦，无人知处忽然香。"（宋·白玉蟾《梅花诗二首寄呈彭吏部》）

《心灵之眼》 摄影 张贞宁

说意象

创作或评论艺术作品，我认为要熟练地掌握和运用"意象"这个词。

象，是《周易》中非常重要的一个用语。

《周易·系辞传》：

"在天成象，在地成形。"

"象"，就是以"象"类物，是中国古人的一种分类和分析事物的方法，也是一种认识世界的手段。

中国美学对"象"的探索，在很大程度上源于审美主体与客体在"忘我"的状态中实现二者界限的消弭。

所谓"无相万象"，准确地说是一种审美主客体之间的错置，是一次需要借助观者来完成的审美更替。

正如一位美丽的女子在镜像中照出无数个虚拟自我时，她的美丽会被无限放大并被吸纳为新的审美客体。

艺术家则如同一位诡谲的"猎人"，他用奇思妙想来催眠观众，用观众来捕捉景观，再用景观来制造新的奇观。

评论家，则需要看出景观背后的微言大义，看出艺术家的心路历程。当然，看得对不对是另外一回事。

在这条循环往复的审美逻辑之路上，现实永远是现实，虚构很难得到升华。因而，"无相万象"多半没有无相，只有万象，即我们真实生存的表象世界。

第三次技术革命之后，日新月异的科学技术为当代艺术家提供了很多制造奇观的机会，这无疑为普通观众接近艺术提供了更为友好的界面。然而，艺术家如果执着于表象世界的再现而忽略了艺术内在精神世界的逻辑构建，也就与东方美学中的"无相万象"南辕北辙了。

西方文明历来崇尚以人力征服自然，但在今日，似乎也经不住"相看两不厌，只有敬亭山"、"我见青山多妩媚，料青山见我亦如是"的诱惑了。

这似乎是一种新型审美判断的必然选择。

然而，如若以一种技术上愈发复杂的机制来贴近浑然天成的审美，似乎有些勉为其难。换句话说，若以观众对表象世界的观照来无限繁殖出一个虚拟现实，显然也不能达到"无中生有"的境界。因此，从美术馆、艺术家与城市的合作来看，各种各样的展览无疑是一次次成功的尝试。然而，要让这些艺术活动与观众共同支撑起的"人造景观"变成真正的"无相万象"，或许仍然需要相当漫长的等待。

眼下的问题是，我们还要等待多久？我们还能等待多久？

这时，"张贞宁"们出现了，他们用作品非常直观地解读了"意象"这个有些古老的词。

"法身佛，没模样，一颗圆光含万象。无体之体即真体，无相之相即实相。"（宋·张伯端《即心是佛颂》）

无相万象，最早语出老子，"绳绳兮不可名，复归于无物，是谓无状之状，无象（物）之象，是谓惚恍"。后来佛教也用这个词，"理绝众相，故名无相"。万象，道家指代宇宙万物。光这么个名字就能让人联想起"一沙一世界，一花一天堂"的味道来。要是内心有那么点儿东方美学概念，分分秒秒就能被打动。

前文谈意象，以摄影家张贞宁和他的摄影作品为例，为避免朋友们过早产生审美疲劳，我们另外再选择一位艺术家：王家训。

王家训先生，江苏人，却是浙江杭州的一位画家，画国画，且以童嬉和女性题材为主。

我以为王先生的画，突出在"气韵生动"四个字上，但他笔下的种种意象，却时时洋溢着浓浓的轻松气息和快乐味道。

所谓意象，就是客观物象经过创作主体独特的情感活动而创造出来的一种艺术形象。

意象就是寓"意"之"象"，就是用来寄托主观情思的客观物象。在比较文学中，意象的名词解释是：所谓"意象"，简单说来，就是主观的"意"和客观的"象"的结合，也就是融入诗人思想感情的"物象"，是被赋予某种特殊含义和文学意味的具体形象。换句话说，意象是借物抒情。

也有这样解读"意象"的：有一个想法（诗歌的主题思想）后，把所要表达的情感用物象呈现出来。正如苏联诗人马雅可夫斯基所说："用你的想象套上人间的这辆大马车去飞奔。"不管是诗歌还是其他文体，意象不是神秘的东西，它只是写作者头脑中灵动一瞬间的想法。

《童嬉图》 纸本 王家训

《童嬉图》 纸本 王家训

这种想法形成作品后，读者通过作者的作品读出其中的意象之美感，也是一种"审美刺激"。

意象的第一层面是象征：

如：松梅竹菊寓高洁，借月托雁寄乡思。

如：杜鹃鹧鸪啼凄凄，梧桐叶落透悲意。

再如：别时长亭柳依依，落花流水传愁绪。

再如：乌鸦燕子系兴衰，草木仍在人事移。

在中国古典诗词里，我们只要稍稍留意，就会发现，使用意象作象征的例子比比皆是。

我们了解意象后，便自然而然地会对诗意的境界多一分亲近。

我们了解王家训后，便柳暗花明地会对"快乐画画"有更为深刻的理解。

关键还在于，我们会从元气满满的各种童嬉图背后，看到一个天真烂漫的王家训。

在以象寓意的纯意象诗（画）中，意象的根本指向是给情感和思想一个载体，一个起舞的平台，但，需要指出的是，意象的核心作用还是在于"托物言志"，"借景抒情"；在直抒胸臆的点缀性意象诗（画）中，意象就作为情思的装饰和诗美的印证。如果从诗歌（绘画）创作的一般原理出发，我们可以对意象的作用做出进一步的分析和归纳。

具体说来，使用意象有如下几方面好处：

《童嬉图》　纸本　王家训

一是寄情于物，借景赏心。

将抽象的主观情思寄托到具体的客观物象上面，可以使情思得到更加鲜明生动的表达。

我们假设"诗意"对于人生而言，是一种精神的维生素。若诗人想要把某种维生素提供给读者，他不必通过提供各类经过提纯的维生素药剂，而可以提供富含维生素的苹果、橘子等水果的这一方式。因后者色香味形俱佳，口感更好，可以使阅读过程成为一个充满愉悦的过程，让读者更方便咀嚼与吸收。

这时，意象便是提供维生素的"水果"。

二是意同象异，各呈其味。

借助各自的独创性的意象，使相同或相似的情思得到各种不同且独特的艺术表现。

如果诗人要把同一种维生素提供给读者，他可以采用许多不同的水果及其不同的组合方式来提供，而不至于有雷同之感。

比如，爱情诗，其实古今中外所有的爱情诗都是同一个主题，无非是"我爱你"、"真的好想你"一类的中心内容。同样的主题，爱情诗却永远也写不完。正是因为意象选取的不同，使得不同的爱情诗，呈现出不同的艺术气质和艺术魅力。"红豆"可以成为爱情诗（画）的意象，"橡树"也可以成为爱情诗（画）的意象。

三是主题朦胧，意绪无穷。

朦胧美的最大看点，就是处处都不真切，反而显得处处真切。

于是"雾里看花""水中望月"之类，便纷纷披上战袍，在艺术战场上排兵布阵。

使难抒之情、难言之理，由意象来代抒代言。古人所谓的"言不尽意，立象尽之"就是这个意思。使用意象，可以收到许多烦琐的逻辑语言所无法达到的"言有尽而意无穷"的艺术效果。

古人所谓的"诗无达诂"，主要就是指这类有此效果的诗。画，亦同理。

采用意象创作，可以给读者提供广阔的想象空间和回味余地，使作品的主题呈现多义性和不确定性，读来更加令人回味。这又好比诗人或画家要把维生素提供给读者，而由于维生素多种多样，除了已知的，可能还有若干未知的，难以逐一辨析，于是诗人（画家）索性把一篮子多种多样的水果奉献给读者，让读者自己去细细品味。

四是春秋笔法，寓意于象。

给诗画留下一定的回旋余地，与社会政治保持一定距离，于艺术创作而言，是非常必要的。

采用意象手法，可以避免作者因为对某一社会现象或人物判断失误而陷入尴尬的局面。简单地说就是，也许作者写的这篇文章当时是赞叹某个社会现象（或人）的，而在不久之后，该社会现象（或人）

变成了反面题材。由此，之前作者的这篇作品就会陷入尴尬。这个时候，哪怕是再好的文章也会成为殉葬品。

而，意象则能起到回旋的作用。

比如，我们咏诵梅花、荷花、松树等，就完全可以放心，因为，作为象征的自然物象，它们是人类咏颂的永恒主题。

无论你什么时间去吟咏它，都不会有错。

意象，在诗（画）创作中营养如此丰富，何必要拒之门外呢？

王家训先生善于运用意象，因之他的童嬉画往往鸢飞鱼跃，一派生机盎然。

还说意象

"意象"与"意境"是两个容易混淆的概念。它们有其相通、相似的一面，但又属于两个不同的美学范畴，有着各自独特的内涵和审美特征。同时，意境和意象有着包容和被包容的关系，意象无穷的张力形成了意境整体上无穷的魅力，意境的形成包含了许多客观存在的物象。它们是相辅相成、相得益彰、相互依赖的关系。就是说，没有意象，难以融合成一种意境；而如果没有意境，那些物象只是一盘散沙，没有灵魂。它们的区别在于：

第一，"意象"是以象寓意的艺术形象，"意境"是由那寓意之象生发出来的艺术氛围。可以举例说明。如，白朴的《天净沙·秋》：

孤村落日残霞，轻烟老树寒鸦，一点飞鸿影下。青山绿水，白草绿叶黄花。

共并列了十二个意象，虽也鲜明生动地呈现出绚丽的秋色图，但并无饱满深挚的情感，缺乏"情与景""情与理"的自然融合，因此无法构成"诱发"人想象的"审美空间"，缺乏意境，当然就难以感人了。再看马致远的《天净沙·秋思》就是一首通过一组意象有机组合而成为优美意境的杰作：

《枯藤老树图》 纸本 佚名

《阿里秘境》 摄影 张贞宁

枯藤老树昏鸦，小桥流水人家，古道西风瘦马。夕阳西下，断肠人在天涯。

此散曲营造了一个游子思归而不得、触景生情的凄凉悲清的意境。为了完成此意境的营造，作者构筑了"枯藤、老树、昏鸦、古道、西风、瘦马、夕阳、断肠人、天涯"等意象，把这些名词意象直接连缀，产生的悲凉气氛就是意境。通过这两首散曲，我们可以感受到意象与意境的鲜明区别。

第二，"意象"是实有的存在，"意境"是虚化了的韵致和意味。比如，海子的《日记》，这是他死前在青海德令哈写的一首诗。如果单个地挑出来那些意象，就是：德令哈（地名）、戈壁、草原、姐姐、泪滴、荒凉的城等。然而，作者通过这些意象，把它们一一组合起来，表达了对"姐姐"的思念。请看原诗：

"姐姐，今夜我在德令哈，夜色笼罩

姐姐，我今夜只有戈壁

草原尽头，我两手空空

悲痛时握不住一颗泪滴

姐姐，今夜我在德令哈

这是雨水中一座荒凉的城

除了那些路过的和居住的

德令哈……

今夜

这是唯一的，最后的，抒情；

这是唯一的，最后的，草原。

我把石头还给石头

让胜利的胜利

今夜青稞只属于她自己

一切都在生长

今夜我只有美丽的戈壁 空空

姐姐，今夜我不关心人类，我只想你"

从海子的这首诗，我们可以看出，意象的实在性；同时也可看出，意境的韵味，那是一个被虚化了的世界。

第三，意境是作家所追求的艺术创造的终极目标，意象则只是营造意境的手段和材料。脱离意境的意象建构是不成功的苍白无力的意象；没有意象的意境是平淡无味的，难以给人美感的失败之作。一个作家，终生追求的目标，就是创造艺术形象，也就是营造不朽的意境。但是，任何意境的创造，都不是凭空捏造，而是在意象的基础上营造意境。请看痖弦的诗《秋歌》：

落叶完成了最后的颤抖

荻花在湖沼的蓝睛里消失

七月的砧声远了

暖暖

总之，意象与意境既有密切联系，又有细微区别。所谓区别，概括起来就是：在创作时，总是先有意象，后有意境；意象是手段和材料，意境是虚化了的艺术氛围，是作家追求的终极目标。二者互相支持、相得益彰、相辅相成。

再用一句通俗的话说，意象是家庭中一个个成员的风貌，而意境，则是这个家庭的整体质感。

说"气"

说完意象，再来说说"气"。

"气"，是中国哲学的核心范畴之一。

中国武术讲"气"，中国医学讲"气"，中国艺术也讲"气"。

我们先人认为，天地万物由一气派生，一气相联，整个世界就是一个庞大的气场，万物均浮沉于"气"之中。

《庄子》说：通天下一气耳。

《淮南子》说：天地之合和，阴阳之陶化万物，皆乘一气者也。

说的都是"万物一气"。

万物一气，气化流行反映了中国人的宇宙观。中国哲学认为，我们就是生活在一个气化的世界里。

一个没有气的世界，肯定是一个死寂的世界。

《绿枫》 摄影 叶启

世界因气而相互联系，所以，气化的世界便是生命的世界。生命是整体的、混沌的，无时无刻没有气贯乎其间。

气化的世界决定了生命是一个过程，是一个无限变化着的流程。由是便有"子在川上曰：'逝者如斯夫'"之说。

世界既然依靠"气"而浮动了起来，那么，就不会有绝对孤立的存在，也不会有绝对静止的实体。

于是，有气，生活便生动，生命便抽条，人心便勃勃躁动；无气，便焉痿，便梗阻，便偃旗息鼓……

于是，气韵生动，便成为古人评判文学艺术作品的重要原则。

直到今天，依然如是。人要气韵生动，生活要气韵生动，文学艺术肯定也要气韵生动。

画"气"

《飞云》 摄影 张贞宁

中国画有画"气"一说，渊源为中国古代的气化哲学。在领略了中国画精髓的中国画家心目中，画具体物象不如画具体气象，画具体气象又不如画"气"。

唐以降，绘画十三科，山水画居最上。中唐后，花鸟画又异军突起。这都是因为山水画和花鸟画，更能体现中国气化哲学的深度内涵。

婴戏题材绘画魏晋时期就已出现，隋唐人物画中开始出现嬉戏儿童的形象，两宋时此题材则达到一个高峰，明清时期在更广泛的载体上应用与表现，直至现代。

王家训的童嬉作品，有着浓郁的农耕文化气息，散发着纯粹、本真的天性光泽，格调既高雅又不失活泼俏皮，把"雅"与"俗"和谐统一起来，使儿童外在的灵动感与内在的单纯质朴得到了充分的体现。

平凡、可亲近、常见，是其绘画的特点，也是最让人称道的因素。

他有扎实的人物画功底，加之其性格中童心十足的一面，对儿童

传神的把握就更加得心应手。他的
作品淋漓尽致地表现了他对儿童的
喜爱之情，表现了儿童的性情和心
态，透露出他对纯真自然的追求，
并传递着作品中所蕴含的中国传统
文化思想及自己的人生哲学。

人物画中的"气"如何生成？

分析王家训的童嬉作品，我觉
得他的手法是，将"气"的种子埋
在描摹对象的动作里，融在人物的
体态和表情中。

这样一来，笔法更为灵动，人
物的形象略一变形或扭曲，便让人
感觉是中国书法的运笔运动。

凭借运动着的人物动态，王家
训编织出生机勃勃的各种"气"感，
在田间地头熠熠生辉。

还可以说，王家训让他笔下的
各色童子，都怀揣着天真与烂漫，
让丰沃妖娆的生命左右逢源。

文章气

《雕岩画壁·1》 摄影 张贞宁

不但画画、书法讲"气"，文章也讲"气"，姑且叫作"文气"或"文章气"。

曹丕在《典论·论文》中说：

"文以气为主，气之清浊有体，不可力强而致。"

《中国大百科全书·中国文学》有"文气"条，认为：

"所谓文气，即指文艺作品中体现出来的作家个体风格。"

中国古代文论家往往将"气"列为评判文章的标准，如论孔融，"则云'体气高妙'"；论徐干，"则云'时有齐气'"；论刘桢，"则云'有逸气'"等。

刘勰在《文心雕龙》一书中，也谈到了作家气质对文学作品风格的影响，他说：

"才有庸俊，气有刚柔，学有浅深，习有雅郑，并情性所铄，陶染所凝，是以笔区云谲，文苑波诡者矣。"

于此看来，文气由作家的修养气质而来，而作家的修养气质又由其世界观、个人经历、禀赋、学识等主观因素综合而成。

客观因素也起重要作用，如描写对象本身的特点和性质，具体的时代条件和历史环境，以及各地不同的生活习惯、思维方式、语言形式、文化传统等。

形式因素同样不能忽视：如体裁、语言、表达方式、写作技巧等。这些对于"文气"的形成与走向，都能起到相当作用，有时还能起到决定性作用。

"文如其人"，此言不虚。

神形之辨

为了便于说明神形之辨，先得借助典籍——

《庄子·天地篇》中有一个故事，说黄帝游昆仑山回来后，发现掉了一颗玄珠。

先是派官员"知"去找，没找到；又派官员"离朱"去找，又没找到；再派大臣"喫诟"去找，还是没找到。

最后派宫里的"象罔"去找，象罔未负重托，终于找到了。

黄帝百思不得其解：为什么其他人找不到，象罔却能找到呢？

这则故事告诉我们，道不可形迹，不可以理智追寻，不可以感官致诘，也不可以语言追求。

"知"是知识，用知识逻辑的途径寻求，不能得道；"离朱"目力过人，能在百步之外看清针尖，这里是说，外在的观察，眼睛再好也看不见道。"喫诟"，指语言，不言言，言无言，通过语言是无法追寻道的，所以也不可得。

而"象罔"，就是没有形迹。以没有形迹去映照微弱形迹，是谓"大象无象"。

故"象罔"能找到玄珠。

大象而无象，指有一个真实的主宰在，虽然寻不到它的迹象，但它又实实在在存在着。

无象的世界，是世界的本体，也是决定象的世界意义的根本。

用庄子的话说，"有形者象"为"无形者而定矣"。

《秘境》 摄影 张贞宁

辩形神

中国古人喜欢辩，也就是说，要把事情彻底弄清楚。如天人之辩，理气之辩，名实之辩，志功之辩，形神之辩等。

形神的概念源于《庄子》。

《徐无鬼》说：

"劳君之神与形。"

《在宥》说：

"女神将守形，形乃长生。"

将生命分为"形"和"神"两块，是非常有见地的。在形与神之间，神是主，形为辅。形正有赖于神的养练。

传神写照，以形写神等，是延伸到文学艺术领域的形神之辩。用庄子的话说，就是"有形者象"为"无形者而定矣"。庄子认为，有形世界的背后存在着一个无形世界，这个无形世界才是世界的决定者。

人的体验，就是披形入神，去把握那个无形者。

引申到美术作品的创作之中，也是一样的道理，神本形末，有形受制于无形。《淮南子》就说：

"画西施之面，美而不可说；规孟贲之目，大而不可畏，君形者亡焉。"

这话是说，把西施画得再美，如果没有神韵，也不能让人心生怜爱；把孟贲这样的大力士画得再强壮，如果没有神韵，也会缺少令人敬畏的英武之气。

这样的画是不能称之为好画的，因为"君形者亡焉"。

东晋顾恺之能成为一代宗师，正是因为他以形神理论中的"神"为切入点，从重视人物的眼神开始，进而重视人物的神态、活力与气质。他将艺术的表现对象引向了幽深远阔的生命世界。

所谓"传神写照，正在阿堵中"。此言不虚。

《霞光万道·1》 摄影 张贞宁

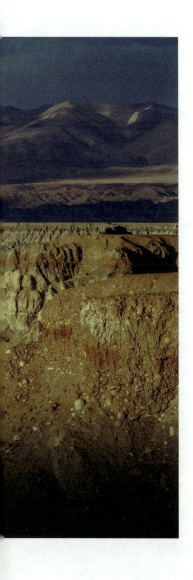

有必要跳到顾恺之——

"手挥五弦易,目送归鸿难。"有人说顾恺之一生的艺术经验,都在这句话中。

为什么"手挥五弦易","目送归鸿难"呢?

从画画方面的形神之辨来理解,便豁然贯通了。

"手挥五弦",是画"形"。这里有具体的动作,类似写生,相对来说是比较容易做到的。

"目送归鸿"则不然。目送,画的是人物的眼睛。我们都知道,眼睛是心灵的窗户,透露出的是人物此刻发自内心的由衷感受。这种"目送",属于"神"的方面,当然是非常难以表现的。

充分体现了"神"与"形"的区别。"手挥五弦"是"形","目送归鸿"是"神"。

传统美术理论认为:一个优秀的画家,不能停留在形的描摹上,必须上升到神的高度,以神统形。

这个"神",不仅仅是活的,神完气足的,更重要的是还要能传递出一种高远的生命境界。

这个"神",不仅仅指眼神,而且包含表现人的精神气质、性格特点和人超越于形似的神韵。

用"神"来传达人物心灵难以言传的微妙感受,则可达"人如其人"之境。

画者,意在笔先为根本,气韵生动是关键。形似,次之。

刹那永恒

世界上最快而又最慢，最长而又最短，最平凡而又最珍贵，最容易被忽视而又最令人后悔莫及的，恐怕就是时间。

这里的"刹那永恒"，都是时间概念。

"刹那"这一概念在佛学中被用为觉悟的片刻。在禅宗以及深受禅宗影响的中国艺术理论看来，一切时间虚妄不实，"妙悟"就是摆脱时间的束缚，进入到无时间的境界中。

永恒即永远、恒久，含义是说精神和世界永远存在、不变，象征人们对生命和世界的美好愿望。反之则是瞬间、短暂。

"刹那永恒"是禅宗最深刻的秘密之一，也是中国艺术的秘密之一。

在妙悟的语境里面，刹那和一般的时间是有根本区别的。一般时间是指过去、现在和未来的一个具体时间段落。但在妙悟中，刹那并不具备这种特点。刹那可以联系过去，却不联系未来。

换句话说，刹那是一个"现在"，是要进入无时间状态的"现在"，如石涛说"在临时间定"，这里的"临时间"，其实在指时间的分界点。

"刹那永恒"似乎是一对矛盾体，但细细嚼来，也是别有一番滋味：

流星之所以美，美在那一刹那的璀璨；流星之所以美，美在流泪的瞬间；流星之所以美，美在生命终止后的空寂。

《霞光万道·2》　摄影　张贞宁

象外之象

《雕岩画壁·2》 摄影 张贞宁

郑杓、刘有定的《衍极并注》中记载了一个故事，说王献之在会稽山遇到了一位异人，披着云霞，从天而降，左手持纸，右手持笔，赠给王献之。

王献之受而问道："先生尊姓大名，从何而来，所奉行的是何等笔法？"

那人答道："吾象外为宅，不变为姓，常定为字，其笔迹岂殊吾体邪？"

这里的"象外为宅"，颇具象征意义。因为中国艺术以"隐"为要则，强调象外之象、言外之意、景外之景、韵外之致，要含不尽之意如在言外。

司空图说："象外之象，景外之景，岂容易可谈哉？"

司空图强调诗歌所要表现的，不是从语言意义层面上就可以理解的情绪或形象，而是语言意义层面之外的某种可以感受却不可究诘的韵味。这和一般地说含蓄与朦胧有所不同，和中晚唐盛行的禅宗思想却有较深的关系，带有一定的神秘色彩。从重视诗歌语言的特殊性、强调诗的作用在于引发联想而不在于描述和说明这一点来说，司空图的诗论对后人有重要的启发。南宋严羽的《沧浪诗话》和清代王士禛的"神韵说"，都受到他的影响。

象外之象，自唐以来已然成为中国美学中的重要思想，对各种艺术门类都有影响。

象外之象并不神秘，说穿了就是"余味"。苏东坡用"灭没于江天之外"来表达。

诗也好，画也好，余味很重要，比如苏东坡的"只缘身在此山中"，毛泽东的"桃花源里可耕田"便有充足的余味。

"余味"能给人持续的美感享受，就像绝妙的音乐，余音绕梁，三日不绝。

下围棋也讲"余味"，个中道理，我觉得与诗、与画抑或与其他艺术异曲同工。

余味的中心词在"味"。"味"

《大地守护者》 摄影 张贞宁

的重要特点之一，就是其有体验性。

以"味觉"去体验，更深切，更具体，超越了一般
具象的认知。"味"的比喻强调审美体验的不可言说性，
吟一首好诗，看一幅好画，品一壶好茶，就像品尝一道
道佳肴。

朱良志先生认为，中国美学中象外之象的学说，由
形神理论衍生而出，但与形神理论又有不同。以形写神，
传神写照理论侧重于艺术品的创造。而象外之象说，则
是就艺术鉴赏而言的。它强调的是在艺术鉴赏中，审美
对象具有超出形式之外的意味。

石涛也认为，绘画表现的最高原则是写"意"，而

不是画"象"。

石涛晚年有一题画诗云：

名山许游未许画，画必似之山必怪。

变幻神奇懵懂间，不似似之当下拜。

心与峰期眼乍飞，笔游理斗使无碍。

昔时曾踏最高巅，至今未了无声债。

不似之似似之，徘徊于有无之间，斟酌于神形之际。佳构也。

如此看来，"象外之象"并不神秘，"余味"而已。

山静日长

更多时候，时间就是一种感觉。

冬日，心底无事时，搬把椅子到阳台上晒太阳，你会感到，时光的流淌突然慢了下来。

苏东坡说：

"无事此静坐，一日似两日。若活七十年，便是百四十。"

在无争、无斗、淡泊、平和、自然的心境中，一切似乎都是静寂的，一日犹如两日，甚至片刻如同万年的感觉都有可能产生。

正所谓"懒出户庭消永日，花开花落不知年"。

中国古代艺术家喜欢山静日长的体验，倪瓒算一个。

《容膝斋图》作于明太祖洪武五年（1372），是倪瓒的重要作品之一，现藏于台北故宫博物院。话说那年倪老先生72岁了，他画此画以赠其友檗轩，檗轩藏之3年，再请云林补题，寄赠潘仁仲医师。"容膝斋"是潘仁仲休闲居处。这幅画采用"一河两岸"构图，笔墨极为淡雅，山石土坡以干笔横皴，再用焦墨点苔，画树墨色层次较多，近坡皴多染少，特觉清劲，画面简逸萧疏，风神淡远。

倪云林的笔墨，耐看，越看越有山静日长的感觉。

屋角春風多杏花小齋容膝
庚年華金鑅照水池魚戲綵鳳
柵林澗竹斜暈清談霏玉屑
蕭蕭白髮岸烏紗而今不見二韓
廉頑立懸壺未必諱甲寅三
三月朔復攜興為來索
懸詩臨畠不誌故鄉則仁申燕
居太五瑶月谷膝齋則仁中燕
師故鄉發斯齋
岡為仁中壽當
媛吾志也雲林子識

壬子歲七月五日雲林主寫

无言独化

"无言独化"是中国古代哲学用语，是说事物不假外力，亦无内因，自行存在，自行变化。《庄子·齐物论》说：

"吾有待而然者邪？吾所待又有待而然者邪？"

西晋郭象注：

"若责其所待，而寻其所由，则寻责无极，卒至于无待，而独化之理明矣。"

天地有大美而不言。这种美，人类似乎无法通过知识去把握，只有用心灵去体验。

王阳明说：

"无声无息独知时。"

我们面对无言之大美，需要的往往是这种无言的冥会。

"知者不言，言者不知。塞其兑，闭其门，挫其锐，解其纷，和其光，同其尘，是谓玄同。"

老子神神道道也这样说。

真正知道的人不说，想说的人又不知道。如果要走上玄同物我之路，必须堵塞欲望的孔隙，关闭视听的门户，挫去锋芒，解除纷争。

有点禅的味道了。

不管怎样说，"无言独化"是中国美学中典型的纯粹体验方式。

"盖心与造物者游，故动即相合，一落语言文字，便是下乘。"

这是清代画家戴醇士说过的一段话。戴醇士对无言之境体会深刻。

后来，禅宗与中国古典美学一样，走的是一条无言独化之路。

《自在》 摄影 张项理

述而不作之美

孔子说的"述而不作"，见于《论语·述而》：

> "述而不作，信而好古。"

当代解读"述而不作"，一般解读为："述"，阐述前
人学说；"作"，创作。指只叙述和阐明前人的学说，自己
不创作。

当代解读"信而好古"，一般解读为：相信并爱好古代
的东西。

根据当代的这种"一般解读"，如果站在今天的立场上
看，"述而不作"似乎就是在说文艺评论界，而"信而好古"
则指文博界与收藏界。

我不这样认为。

"述而不作"也罢，"信而好古"也罢，都应该纳入"审
美"范畴，是日常生活的审美化。

生活艺术化，艺术生活化，说的也是这个道理。

写过《人类学通论》的英国社会学家麦克·费德斯通，提出了"日常生活审美化"。于是，这个世界的很大一部分，由麦克·费德斯通开始，便从"社会学"的原野里走到了"美学"的原野里。

慢慢地，"日常生活审美化"成了"文化研究"的重要课题，越来越成为"后现代文化"课题研究的特定内容。

跳开来说，"述而不作"，是美学问题，也是社会学问题。

随着社会的不断进步，越来越多的有识之士意识到：审美，并不仅仅是对自然与艺术的简单观照，还是构成日常生活幸福感的重要组件，具有"跨文化"的性质。

为什么一定要"创作"呢？为什么我们不可以直接享受上苍与大自然恩赐给我们的"至乐"（最高审美体验）呢？

换句话说，"述而不作"，更能让我们接近"生命之美"。因之，我们除了鼓励有"创作能力"和有"创作激情"的人士继续不断地进行"作"（创作）之外，还要鼓励更多的人，参与"述"（只叙述和阐明前人的学说，自己不创作）的过程。

打个不怎么恰当的比方，如果说发明"麻将"的那个人是"创作"，是"作"；那一代代参与玩麻将的人，就是"述"了。我是想借此说明，"述"能够让更多的人参与并乐在其中。而"作"，则属于"阳春白雪"，"和者必寡"是必然的。

如果再用经济学的术语来形容，"述"，能够培养出更多的具备审美素养的"中产阶级"。

"述"的范围非常广泛：教育、培训，更多的是"述"；展览、会展，主要还是"述"；论坛、讲座，仍然离不开"述"。

孔夫子的伟大之处，是从他那个时代开始，就明确指出了

"作"与"述"，各有各的作用，各有各的路径，那是人类文明进阶的一对翅膀，缺一不可。

我们甚至可以说，"作"与"述"，当互为颉颃。

在我们中国优秀传统文化的语境里，"美"，并非最高的审美判断和评价范畴。也就是说，还有更多、更高的评价标准和识别方式，比如"妙"字，比如"神"字。

看待是"述"，还是"作"，从根本上讲，还是一个"审美反应"问题。

我们在第一次看到某人或某物时，"审美反应"其实是第一性的，许多第一印象，说穿了也就是最初的"审美反应"，并由"审美反应"直接转化为"心理反应"。

讨厌、恶心、不舒服，喜欢、舒坦、满意，都是"审美反应"，也是"心理反应"。

"审美反应"来源于个人的审美修养，特别是价值判断。

朱光潜先生把人的一生追求划分为两大类，一类是"演戏的"，一类是"看戏的"。

这就存在实现不同"人生追求"的不同路径和不同方法了。

"演戏的"人生，需要更多的"作"（朱先生称其为"审美创生者"）；而"看戏的"人生，则需要更多的"述"（朱先生称其为"审美观照者"）。

当然，"作"与"述"不可能绝对分开。"作"中有"述"和"述"中有"作"，从来就并驾齐驱。

我们以音乐为例：贝多芬的交响曲，参与"作"的人，肯定是作曲家本人，是"审美创生者"；而演奏家，则只是众多参与"述"的人中的一个。从美学的角度判断，演奏家充其量只能算是"审美观照者"，最多还可以加上一个"审美参与者"的头衔。

但，社会往往将荣誉和桂冠更多地赋予了演奏家，这就失之偏颇了。

当然，演奏家比一般听众在"作"（创作）的层面上参与度要更深，审美境界更高，也是肯定的。因为他每一次成功的演奏，都不可能是简单地重复。成了"家"的人，每次演奏，我想都必须重新考虑如何更好地传递自己所理解的作品的真实含义。这，其实就是一种再度创作。

"述"与"作"，各美其美。但在提倡"日常生活审美化"的今天，我们在强调"作"的重要性的同时，应当更要关注"述"的重要意义。

——我以为这是"传统文化现代化"的必由之路。

"禅定之美"

中国美学，是讲"境"或"境界"的。所以，我们讨论许多美学方面的问题，都离不开"境"或"境界"这样的概念。

"禅定禅修"亦然。

"境"究竟如何解读呢？先看它的几种含义：

一、世界的存在；

二、人的意识活动的对象；

三、人的精神层次；

四、体验所创造的世界；

五、艺术作品的审美层次。

通俗地讲就是，"境"，指界限，指一个世界。

我个人理解，美学上一般所说的"境"，多与"心"构成互动关系，所谓"心境"即是。在这一语境里面，"心"不能离开"境"，"境"也不能离开"心"。

但"境"又不能代表"心"，"心"也不能代表"境"。

再说明白一些，"境"是"心""造"出来的"心之对象"。

成语"境由心生"便是这个道理。

如果这样去理解"心境",可以算是"入门"了。

综合上述"境"的各种含义,假设我们要在"形而上"层面使用,它的美学语义学或者可以这样简单表述:

——是人用意识"切割"并"拼合"出来的"心灵影像"。

但是,又但是,有一条必须指出:

"人用意识'切割'并'拼合'出来的'心灵影像'",终究只能是"世界的假定"。

佛学将"境"解读为"尘",认为正是这些"尘",遮蔽了人的认知,污染了人的情识。

六祖于是在《坛经》里开示:

"何名为禅定?外离相曰禅,内不乱曰定。"

"禅定",是佛教译语中特别的译法。我们先看"禅"。

"禅"是印度梵语"禅那"的简称,其义为"定"、"思维修"、"功德丛林"等。所以,我们可以认为,"禅定"是华、梵兼称。当然,这是对其名称的简单解读。

从其更深一层的意义上来说,一个修行人,能摄心专注一境,即是所谓"定"。摄心,是"念"的一种法门,能生出种种三昧,即是"思维修"。生出种种功德之后,又可以称之为"功德丛林"。

因此,"定",是禅定或禅修的"种子"。没有"种子",什么都长不出来。

换句话说,"禅定"是修菩萨道者的一种调心方法,它的目的是净化心灵,锻炼智慧,以进入诸法真相的境界。

莫高窟 320 窟壁画

——"禅定"以后干什么?

依我看,"禅定"本身就是一个"坎",你可以理解为跨进了别人家的门槛。但我们绝不会仅仅停留在门槛边就止步了,还得到客厅里面品茶聊天,然后,尽兴而归。

"禅定"之后,按照教条的说法,就是"思维修"了。

但,"思维修"这个词,于实操而言,又显得"虚"了一些。

那么,有没有"一听就懂,一学就会"的办法呢?

当然,有的。

"思维修"的过程,说到底,就是培养一个正确的"认知模式"或"思维方式"的过程。

一般人遇到了事,自然而然地会去"想"问题,这无可厚非。但许多人不明白的是,你在想问题的时候,你自己却变成了"问题"。因为你是被动的,你正在被"问题"里面各种各样的"问题"纠缠着,很难走出这片"沼泽地"。你的心在想,没错,但这种情况下,因为想的问题本身就复杂多变,而且思考理路又是错乱的,其结果,往往是"胡思乱想"。

与其"胡思乱想",还不如不想。

佛家,特别是禅宗为我们提供了"思维修"的底层逻辑。通俗地说,为我们指明了一个相对实用有效的修为方式。

禅宗认为,正确的"思维修",是"禅定"后,接下来不是去"想",而是要去"照"。

"想",我们都能理解,那么"照"呢?"照"又是什么?

"照",需要对象物,比如镜子。

唐时禅宗的五祖弘忍，为了考验弟子，也想为自己选一个理想的接班人，就想出一个办法，他让大家写一首偈语。当时弘忍众弟子当中修为最高的，就属大师兄神秀。大家也都认为神秀就是五祖的接班人，所以别人也都没有作。最后，只有神秀在半夜三更时分，作了一首偈颂，书写在寺院的南廊墙壁上：

"身是菩提树，心如明镜台。时时勤佛试，勿使惹尘埃。"

这首偈颂什么意思呢？

用现代汉语翻译就是：我们的身体像是释迦牟尼佛成道时的那棵菩提树，我们的心，就好像是一面明镜，照物清清楚楚，没有分别。但如果镜子上有了尘土，就照不清楚外面的物了，所以要时时勤加拂拭（佛试），保持清洁，不要让它染上灰尘。

神秀这里，实实在在以"镜"为例，在讲"照"的故事了。

可见，"想"与"照"是完全不同的思维模式。

佛家的典籍里，还详细记载了慧能在神秀之后也写了一偈，我注意到，慧能的偈语，仍然在拿"镜"说事。

当然他的理解更深了一层。

佛法上经常讲"万法皆空"，我们能够看到的一切事物、现象，都不过是因缘聚合而生，缘聚则生，缘散则灭，"空"才是一切事物的本性。所以慧能说，根本就没有什么菩提树，也没有什么明镜台，本来就什么都没有，哪里还会惹上什么尘埃呢？

《金刚经》上讲："一切有为法，如梦幻泡影，如露亦如电，应作如是观。"神秀的偈，从佛教教义的角度看，还是在执着于实物，执着于有形的东西，没有说出事物的本质。但他强调了要"照"，不止于"想"。

神秀为"禅修"的方法论，是作出了重要贡献的。

修行，是指具有自我意识的客观存在，为了实现自主进化这一目的，而主动对自身施加的一系列约束的总称。修行即是一刻接一刻地觉察情感、思想、言语、行动、念头。

禅宗的"照"方式，之所以比俗世的"想"更高一个档次，是因为"照"的方式要求：

一、要主动去"认识"，不被动且盲目地去"追逐"或"迎合"。

二、必须前置认知：答案就在你心里了。就像我们观鱼，鱼，已经在水里了，你的任务是澄清水。水一清，鱼自现。

三、"心静"特别重要。因为"照"的认知方式是回归内心，向内探求。

四、如果想试试"照"的方式，有一个小小的建议，那就是不管遇到什么事情，你一定不要匆忙下判断、下结论，先数完十到十五个数字再说。所谓谋定而动，事缓则圆！

"禅修之美"

上文谈了"禅定之美",接下来我们再聊聊"禅修之美"。

禅修与禅定,肯定不是一码事。所以,禅修与禅定,各有各的美,或曰"各美其美"。

禅定之美,体现在禅修之后,有了效果;禅修之美,在于起心动念本身。

开始时,修禅或禅修都非常之苦,无固定住所,亦无固定供养人,多独居水边林下或大山深处。比照许多隐居者,禅修生活异常艰难,有过之而无不及。

僧侣们这样的日子也过了千余年。

直到禅宗四祖司马道信的出现。

佛教典籍里给了司马道信八个字的评价:

"定居传法,农禅并举。"

这八个字,相当于禅宗的"最高行动纲领"。给所有僧尼送来了一个相对稳定的学习生活和劳作的场所。

一部禅宗史，司马道信因此入列。

为什么要说，"禅修之美"在"起心动念"时就有所体现呢？

因为人，自降生到这个世上，都面临着一个终极拷问，即："我是谁？"

有人对这一问题视而不见；有人对这一问题一知半解；也有人明了通透，站在了人生的高峰上。

孔子说："朝闻道，夕死可矣。"恐怕也包含了这层意思。

禅宗发展到一定阶段，提出了"修行"要向内探求，要回到自心的观点，这一观点得到了儒家与道家的普遍认同。

为了更好地抵达目的，禅宗又设计出种种"修行"方法，比如"直指人心，见性成佛"等。

这一方法的原本意义是说，人，生来就是有"佛性"的；自心即是佛性，所以只要发现或体悟到自心的佛性，自然而然就可以到达"佛"的境界了。

最早的禅修，主要形式还是"静坐"，到六祖之后就有很大变化了。

最大的变化是"游戏规则"的重新修订，从个体修到集体修。

规则的重新修订，带来的精彩是：

一、从一个人自修，到自修与集体讨论相结合。

二、集体讨论，决定了活力与创造力的加盟，是"闭关锁国"与"改革开放"的分野。

三、"机锋"与"公案"层出不穷，极大地丰富了对宇宙人生的认知。日本人将六祖修订"修行方式"到宋代前中期，称为"中国的纯禅时代"。

《释迦牟尼佛像》 大足石刻博物馆藏

四、这种禅修方式，既生动直接，又人心对照人心，犹如儒家春秋时的"百家争鸣"。

自禅宗六祖之后，禅修便与普通人的日常生活息息相关。久而久之，人们把这种修行方式称为：生活禅。

禅，走下神坛，就不再是一种抽象智慧，让人高不可攀；禅，融入生活，是如此平易近人，和蔼可亲。它就在我们的行住坐卧，起心动念之间，就在我们日常生活的点滴之中。

禅宗认为，认知心性的核心方法是"自我观照"，因此，将"自我观照"运用到自己的日常生活当中，便是"禅修"，便是"生活禅"。

"生活禅"要求：将信仰落实于生活；将修行落实于当下；将佛法融化于世间；将个人融化于大众。

历史上，我以为深刻领悟了"生活禅"要义并有开拓创新的著名人物有两个，一是王阳明，一是曾国藩。

"观照"就是"禅修"

所谓"观照",以我的理解,首先得有一面镜子,可供比照;其次要将自己的"心"置入其间,先"禅定",尔后进入"静虑"的状态;再次要有相当程度的"虔诚",把"禅"字理解透彻,方可真正去体察"本有"。

"禅"字的结构,左边是"示",右边是"单"。"示"在古汉语里面的意思是"祭祀",把东西呈献上去,后来又演绎为"表示"、"开示"。到"开示"的阶段,已经能够贴近"禅"的本义了。

"单",我们可以理解为"一个人的思考",或者理解为"禅修"需要"个人"的觉悟。

有的禅师也将"禅"理解为"有序的思维",即让我们的心回归到它本原的状态(明海法师语)。这从另一角度去解读,无可厚非。

我们现在举个例子,也许能更好地理解"观照"的意思。比如,用"观照"的方式去看唐朝,可能会得出更深刻一层的结论。

现在社会上对唐朝比较统一的认识,一般是八个字,叫"盛唐气象,万邦来朝"。

但如果仅仅从字面上理解，那就不能被称为"观照"了。我们必须将思维方式调整到"观照"层面。

经过若干王朝的比照，我们或许可以这样表述：

"盛唐气象，万邦来朝"，不仅仅是贸易的往来和文化的交流，也不仅仅体现在社会相对安定、文明程度得到大的提升等，更深的层面应该是如下展示：

民族交往与交融；开放的社会风气，丰富的文学艺术。农业方面表现为农田面积扩大，农业技术的进步，水利工程的完善。手工业方面，最为突出的是纺织业和陶瓷业、造船业、矿冶业、造纸业也取得了不小的成就。商业繁荣，水陆交通发达，贸易往来频繁。击败了北方的突厥，加强了对西域的整合，唐太宗被周边各民族奉为天可汗，周边各少数民族派遣人员到中原学习先进文化。社会开放，充满活力，人们多显示出一种昂扬进取、积极向上的精神风貌。

唐朝是中国历史上诗歌创作的黄金时期，李白、杜甫、白居易都是当时诗人的代表。此外，书法、绘画、音乐、歌舞、造像、雕刻等方面的艺术也取得了辉煌的成就。彼时，盛唐气象、万邦来朝不是夸张的粉饰，而是实实在在的盛景。

当然，我们还可以用"观照"的方式，去发现"大唐气象"背后的种种不堪。

"观照"的魅力，可见一斑。

"观照"，是一种通过观察自己的内心和外在的世界，来达到身心平衡、内在平和到达智慧境界的方法。"观照"源于佛教禅宗的禅修，是禅修最重要的方法之一。"观照"，可以让我们更好地认识自己和世界，提高自己的觉察力和内省力，自己为自己赋"能"。

因此我们可以说:"观照"就是"禅修"。

但,"观照"两个字,看上去很容易,要真正做到,还是很有难度的。

"观照"的方法有很多种,最常见的是"内观"和"外观"。

"内观"是观察自己的内心感受和情绪,如观察自己的呼吸、思维、情绪等,从而更好地了解自己的内心世界,提高自己的觉察力和内在力量。

"外观"是观察外部世界的事物和现象,如观察自然景观、人类行为等,从而更好地了解外部世界,培养自己的智慧和慈悲心。

同样是"观照",有人侧重于"外观",有人侧重于"内观",因此带来的"觉悟"便会不一样,整个世界呈现给人的状态,也会相去甚远。

"观照"的应用场景非常广泛。在日常生活中,我们可以通过"观照"来更好地认识自己和世界,提高自己的觉察力和内在力量。在工作和学习中,我们可以通过"观照"来培养自己的专注力和注意力,提高自己的工作和学习效率。在人际交往中,我们可以通过"观照"来更好地了解他人的需求和感受,培养自己的同理心和沟通能力。

禅宗把掌握了"观照"方法的人,形容为"回到一个人自己的家"。

是的,只有那个配得上称为"家"的地方,才可能将一颗纷乱的"心"安顿下来。

难怪,苏东坡的朋友王定国的侍女寓娘要说:"此心安处是吾乡。"

"观照"，也有目标。换句话说，就是你"观照"或"禅修"的结果，是用来干什么的？

毫无疑问，充实而健康的人生应该是我们永远追求的目标。"观照"与"禅修"，说到底，应该是通往这个目标若干道路中的一条。

"观照"与"禅修"，用现在的话说，都是以自我存在为认识起点，去考察自我与自然以及与社会的联系，且在不断地思考和分析过程中，"悟"到人生的价值、意义。

为抵达这一目标，历代先贤都苦心孤诣，力图找到一条合适的路径。

我以为庄子设计的路径（"心斋"与"坐忘"）为后来的贤者树立了标杆。

"心斋"是心灵斋戒的意思，也就是说透过澄思静虑、清心寡欲的修养功夫，以达到冲虚无碍的精神境界。庄子在《人间世》一文中，写颜回与仲尼论处世的寓言，提出"心斋"的修养功夫，认为心斋与一般祭祀斋戒不同：尽管祭祀斋戒时不饮酒，不食荤，且沐浴更衣，神情肃穆，行礼有仪，但讲究的只是外表形式的洁净恭敬；而心斋，则在追求内在心灵或精神上的清净冲虚。

总地来说，"观照"是一种非常重要的方法，可以带给我们很多益处。在可以看见的未来，随着社会的不断进步，人们对身心健康的重视和对精神生活的向往与追求愈加重视。我以为，"观照"将会越来越多地被运用到日常生活当中。

或许，这可能是未来的"经济蓝海"。

智慧是什么?

我们从美感谈到了"智慧",那么,智慧又是什么呢?

"智慧"是梵语"般若"的意译,一般认为是聪明的高级阶段。

我们再以"教育"为例:

好的教育应当是传授方法,这没有疑义。但,用什么样的方式去传授方法,传授什么样的方法,又成了问题。

用我们的历史典故来说,就是"授人以鱼"与"授人以渔"的问题。是给你一堆金银珠宝好,还是给你一把可以打开宝库的钥匙好呢?答案不言而喻。

油画在照相机出现之前就有了,油画家往往要靠"写生"去强化、加深对客观景物的印象。照相机普及以后,传统的"写生"就明显落伍了,——除非你给"写生"注入了新的含义。

再比如说,我们已经进入了大数据时代,以前的"灌输"式教育方法,显然不能再让人满意。就像我们在电脑上拷贝程序,如果仅仅是录入数据,没有程序,录好了的数据不能运行,那就相当于白录。

冯友兰先生说,人类为什么要学哲学,是为了心安理得地活着。

《三星堆青铜大立人》 摄影 叶启

如果我们把人生的修行看成是一种磨砺，那么，美学就是最好的磨刀神器。

智慧不等于知识。

但，智慧是可以接受启迪的。

我们都知道"拈花微笑"这个成语：

当年佛祖在灵山法会上手拈一花，与会大众皆不能解，唯有佛陀上首弟子摩诃迦叶会心一笑，佛祖当即宣布："吾有正法眼藏，涅槃妙心，即付嘱于汝。汝能护持，相续不断。"

于是摩诃迦叶就成了佛教禅宗的初祖。

这，就是典型的"启迪"案例。

蒋勋先生说：

"我相信美是在人类生存的艰难困苦当中，使你发生信仰的那种东西。"（蒋勋《美，看不见的竞争力》）

启迪，或许就是打开智慧宝库的那把金钥匙。

第二篇

寻美之旅

樱花白

武宁太平山茶厂推出了一款白茶：樱花白。

太平山有上苍赠予的万亩野樱花。阳春四月，站在山顶俯瞰时，这万亩野樱花犹如一朵朵白云飘在山间。

以樱花名茶，念着想着都美。

白茶与绿茶、红茶的区别，主要在于加工方法的不同。

白茶采摘后，不杀青、不揉捻，只晒、晾或以文火干燥，属微发酵类。

制作白茶，对茶基的要求比绿茶、红茶更苛刻：高海拔、有机管理以及传统工艺手工制作。

白茶是可以收藏的，故有"七年宝"之说。"七年宝"是说，收藏了七年以上的白茶，就是"茶宝宝"了。

我们没有去尝老茶，只品了一下今年新做的鲜茶，口感也很好。鲜茶与老茶，各有各的味道。

那是一种来自高山野地的味道，是一种窒息后突然呼吸到新鲜空气的感觉，是在山洞的黑暗中久久行走，猛地看到灿烂阳光的惊喜。

首次与"樱花白"相遇，烙下了如是印象。

"樱花白"予以人的心理仓储，完全符合中国传统审美标准：曲径通幽处，禅房花木深。

《采茶》

诗与远方

人之所以愿意去与大自然交往，一般情况下是因为与人交往的无趣。

人与人交往的无趣，我想主要是因为交往过于密集、过于全方位。

而人与大自然的交往，与人与人之间的交往相反，恰恰需要密集和全方位。

于是，人，一方面与人交往，一方面与大自然交往，便能互补，便能起到平衡作用。

为什么越来越多的人有了"乡愁"？为什么越来越多的人向往着"诗与远方"？

说到底，是源于人与土地的"剥离"并渐行渐远。

钢筋水泥的丛林，隔开了人与大自然的血肉联系。

城市里的生活，比起农村是方便了，但把人类真正的故乡隔远了：每每从陌生到对抗。

"身心愉悦"是心理健康的重要组成，更是生理健康的必要条件。

由是，荒郊野岭间的孤独寂寞，胜过灯红酒绿中的钩心斗角。

最喜欢在武宁家中小住，窗

外是大山大水，室内是书香盈袖。每天沿湖滨路散步一到两小时，在自然而然的静观默想中，便得到了最大的快乐与享受。

小城，有城市的模样，更嗅得到乡野的气息。

世路如今已惯，人心到此悠然。

湖滨东路散步，不啻为醒着做梦。

书桌旁常常"卡壳"的迁思妙得，往往在湖光山色中蓦然出现。

不记得是谁说过，上苍给我们的最好宝贝：一是理想，一是梦想。

都离不开一个"想"字。这个"想"字，其实就是我们常说的"诗与远方"。

《暮色》 摄影 叶启

大山深处的京腔京韵

小小武宁县，曾经有过一个小小的京剧团。一晃，六十年过去了，昔日台上那些多姿多彩的"生旦净末丑"，如今全成了老头、老太太，虽然他们不再年轻，却仍朝气蓬勃。

武宁京剧团的轨迹，是完全可以拍成一部电影或电视剧的，较之爆红的《芳华》，我觉得毫不逊色。这些京剧团里曾经的少男少女，为多少山中少年作出了人生表率，唱出了几许山里崽里捞子的青春之歌。较之那些后来到我们县里"插队"的上海、南昌知青，也一点都不土气。

武宁京剧团，那是狠狠地为我

们武宁人争了脸面的。

还有，武宁京剧团为我们这些山里孩子播下的艺术火种，应该被幕阜和九岭两列大山刻在高高的崖石上，刻在我们这一代人的记忆里，任谁也不能磨灭的。

相对于武宁采茶戏，京剧是国戏，也是外来戏，然不知何故，竟能与这片古老的土地如此和谐相处。

记得小时候，最隆重、最盼望的庆典莫过于京剧了。那时的信息都是口口相传的，远没有眼下传播便利。我们凡听到说某处某夜有戏看，而且又是县剧团的演出，简直比今天面对

京剧剧照　摄影　叶启

京剧剧照　摄影　叶启

面听到《心连心》还激动，那是钻天打洞想方设法都要去的。

没有车可乘，没有大路可走，没有路灯可供照明，连电筒也没有。举着松油火把的人就成了"网红"，看戏的人借着火把的光，脚下会偷偷地狠劲多走几脚，生怕那光比别人借少了。

还是有跌到田里去的，也有掉到河里去的。同去的人伸伸手，"泥猴子"或"落汤鸡"便又回到了队列里，成了大家的哄笑对象。

看戏回来，剧情有些什么，往往模糊不清，记住的除了戏名，便是那些演员的演技和颜值。

不能想象"空心筋斗"如何翻得起来，也不能想象穿高底船形靴的人如何在台上做得了那么多的高难度动作。

夜半床上，总是百思不得其解，向往悄悄滋生。

他们简直就是我们心中的神：男神或女神。

乃至于他们身边的亲戚朋友，

在我们眼中都身价倍增。例如，在我们班上的柳武进先生的弟弟柳传基，同学还是同学，可眨眼间变成了同学中的"佼佼者"。

在这层"关系"面前，学习成绩自然退为其次。

以京剧的形式来为我们这些大山深处的孩子进行艺术启蒙，是造化，是缘分，更是宿命。

依我看，京剧的核心魅力，来自它的写意性。

非常简单，一看就懂，一听就明白，关键在于你的审美判断要与其同步。

看了几次以后，我似乎懂得了一些京剧的套路了，于是便非常自信地当起了父母的解说员。

比如，打鼓，不仅仅是鼓声，那是有"密码"在里边的：一通鼓打完，一更了；二通鼓打完，二更；三通鼓打完，三更。无须文字说明，也不需要任何解释，场上场下大家心里都明白。

这种"频道共振"或"心有灵犀"的感觉，实不足为外人道。

再比如，脸谱，梨园里有句话，叫作"远看颜色近看谱"，实在是很有道理的。

脸谱是戏剧人物性格的外显，看戏的人一看过去就能判断那个人的忠奸美丑。

有的正气，有的威严；有的霸蛮，有的忠勇；有的邪恶，有的奸佞……

京剧脸谱又集了各种戏剧脸谱之大成，变成了中国文化的代表性符号。

许是"窥探"的心理作怪，小时候偏偏喜欢去后台看看。

当然，这不是轻而易举能看到的。好不容易看到一回，立马目瞪口呆：勾脸的、抹脸的、上彩的、扑粉的……个个忙得不亦乐乎，仿佛即将上战场似的。谁也没有工夫来理会一个不知何时钻出来"偷窥"的小屁孩。

据说唐玄宗李隆基是中国戏曲中丑角的祖先，所以历朝历代梨园的丑角都有"特权"：上妆画脸先画，后台站坐随便。

小时候说唱"大花脸"的，我们常叫"大花"。后来才知道，"大花"在"生旦净末丑"五行中排中间，叫"净"。

净行可分为正净（大花脸），一般扮地位较高、举止稳重的忠臣良将；副净（二花脸），俗称架子花脸，大多扮演性格粗豪莽撞的人物；武净（武花脸），以武打为主的角色。

我的印象里，"大花"里也分出了许多类型，红脸的有关羽、赵匡胤；蓝脸的有蒋钦、窦尔敦；黑脸的有张飞、李逵和包文拯；绿脸的有朱温、彭越、程咬金；黄脸的有典韦、英布、土行孙等。

脸谱把人物的性格命运，还有历史典故，都提前告诉观众了，这对于文化程度不高的乡下人而言，实在是难得的提升自己的好机会。

如果说文化的核心地带在文学、史学和哲学，那么，京剧艺术便包括了文史哲，又在演绎着文史哲。

启蒙与传承的双重变奏，一直回旋在乡土中国的最底层，使得中华文明生生不息。

武宁京剧团的演职员们，参与了启蒙与传承的双重变奏。

京剧讲"唱、念、做、打"。"念"，虽然排在第二，却比那排第一的"唱"更难出戏。

"唱"，有乐队伴奏，而"念"，简直就是清唱，全凭着咬字、吐音和找感觉的功夫。"念"很难，但一旦念出，那味道便好极了。

京腔、京调、京韵，同样一句话，平时说说不觉得，一旦京剧念白出来，就悦耳，就清脆，把人的个性和心情全都表达得淋漓尽致。

所以，梨园素有"千斤念白四两唱"的说法。

不可小觑"念白"的影响力和传播力。

记得有一年，我到武宁茶场去给我的外公外婆拜年，走得脚拐手拐，好不容易到了，老人家却不在。

他们住的破屋里反正什么也没有，门也用不着锁的，我只有傻傻地在堂前候着。

等着等着，终于，远处有脚步

武宁采茶戏剧照　图片引自《江西文化符号精粹》

声传来。

"糊巴，你说脸上涂了蜡，那红怎么看得到啊？"

这是外公的声音。"糊巴"是我表弟，舅舅的孩子。

我知道外公说的是《智取威虎山》里的道白，杨子荣要对答座山雕的盘问。显然，外公认为涂了蜡的脸，有点脸红是看不出来的。

我外公过分入戏了。但也可以证明当时京剧的巨大影响力。

我父亲自1966年以来，一直卧病在床，他除了要求在外面工作的我有空一定要回家以外，差不多就没有什么特别要求了。但有一年春节，他非常慎重地提出，要看县京剧团演的京剧。

于是，全家人都忙了起来，最后还是大妹夫把任务落实了。那晚的京剧是——《左维明巧断无头案》。

可惜当年我们家这群看戏的人，如今大都不在了。

柳山高，修河长，武宁京剧团那些年留在大山深处的京腔、京韵，永远飘在我们这些游子的心中。

尽修河东去，余绪尚绕。

艺术作品的生命格调

一幅作品，可以掩饰和伪装自己的行为动机，却无法掩饰和伪装自己的生命格调。

只要是成功的艺术作品，几乎都有强烈的个人色彩或个性色彩。

自由飞翔的愿望和现实的种种羁绊之间，总有一道看不见、却又实际存在的墙。

只有极少数人能够超越这道无形的墙。

这极少数人，我们或许可以称之为大师。

"心游万里关河外"，"诗成灯影雨声中"。柴可夫斯基说：

"回忆是上天赐给的最恩惠的礼物之一。回忆犹如月光，它所照亮的往事恰如其分，一切坏的都朦朦胧胧，所有好的，都变得更加美好。"

由此，文来，必定伴着神来、气来、情来。

文思也像春天，一旦来临，便"处处绿杨堪系马"，便"家家门首通长安"。

张贞宁先生的摄影作品，总能抓住别人容易忽略的那一瞬间，并将那个瞬间放大，定格，让人久久不能忘怀。

他家门前的那株绿杨，是拴得了千里马的；他家门口的那条道路，是可以通往诗与远方的。

《水光一色》 摄影 张贞宁

再现

"再现"这个词，困扰了许多人。以至于越理解越糊涂。

有必要将它梳理得清楚一些。

一种理解是：制造品相似于原物。

这种表述又可以分两个方面深入：一是说你画出来的作品像极了你描摹的对象；还有一种说法是你画出来的作品很像你拿来当范本的作品。

这两种理解都不是真正的赞誉，而是拐了弯的批评。当然后一种批评更直接。

我们知道，艺术品的价值在于创造，你画得再逼真，再传神，如果仅仅停留在"再现"的层面，那也是别人的创造，而不是自己的创造。

到达"再现"层面，只要拥有技能就可以了，而技能是从经验中提取的，只要不停地重复，就会自然而然地积累经验，经验积累多了，技能也就拥有了。

如果按照这一逻辑关系推演下去，我们会发现，人永远无法战胜机器，因为照相机的写实再现能力肯定胜过肖像画家。

写生也是这样。一个好的画家在面对写生对象时，必须有所取舍，而不是简单地将写生对象事无巨细统统"再现"在自己的画布（纸）上。

为了阻止这种错误的逻辑关系往前推演，我们的前人筑起过重重关隘，例如自然主义。他们把越过雷池的画家和画作，统统丢进自然主义的箩筐里。

刻板的"再现"，应当是写生者的大忌。

《旖旎风光》 摄影 张贞宁

《霞光万道·6》　摄影　张贞宁

"再现"这个词，一度成为"艺术"的代名词。很多理论家将源头追溯到柏拉图和亚里士多德。

因为柏拉图和亚里士多德的确曾经认为：一切艺术都是再现。

这种观点在我们现在看来，当然是错误的。

当下许多艺术家和评论家甚至认为：任何艺术都不是"再现"。

这又"矫枉过正"了。

艺术与"再现"不是完全重叠的关系，但也不是完全排斥的关系。

一个再现物，可以是艺术品，也可以不是艺术品；同理，一个艺术品，可以用再现的方式呈现，也可以不用再现的方式呈现。

后来的学者进一步把"再现"，拆分为"刻板再现"和"情感再现"两大块。这样似乎能够把再现说得更加深入一些。

根据拆分后的"再现"原理，学者重新为"再现艺术"定位，他们认为，"再现艺术"不是说制造品相似于原物，而是说制造品所唤起的情感相似于原物唤起的情感。

把情感因素引入，确在一定程度上区别了艺术中的再现和自然主义，但又带来一个新问题：超现实主义往哪里摆放？

鲍德里亚指出：

"今天的现实本身，都是超现实主义的东西。超现实主义的秘密迄今为止，是最陈腐平庸的现实也能变成超现实，然而那仅仅发生在特定的契机，并依然同艺术和想象有着联系。"

这位法国哲学家于1976年出版的《象征交换与死亡》一书是他影响最大的著作，被公认为后现代理论与文化研究的最重要、最经典的阐述之一。

我们今天探讨"再现"，鲍德里亚的观点最好不要绕过。

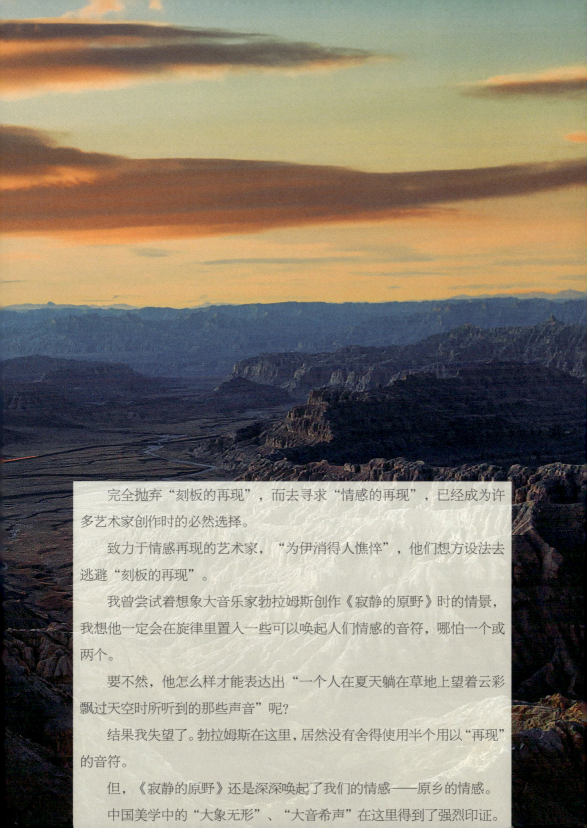

　　完全抛弃"刻板的再现"，而去寻求"情感的再现"，已经成为许多艺术家创作时的必然选择。

　　致力于情感再现的艺术家，"为伊消得人憔悴"，他们想方设法去逃避"刻板的再现"。

　　我曾尝试着想象大音乐家勃拉姆斯创作《寂静的原野》时的情景，我想他一定会在旋律里置入一些可以唤起人们情感的音符，哪怕一个或两个。

　　要不然，他怎么样才能表达出"一个人在夏天躺在草地上望着云彩飘过天空时所听到的那些声音"呢？

　　结果我失望了。勃拉姆斯在这里，居然没有舍得使用半个用以"再现"的音符。

　　但，《寂静的原野》还是深深唤起了我们的情感——原乡的情感。

　　中国美学中的"大象无形"、"大音希声"在这里得到了强烈印证。

联想

人为什么会联想？联想源于什么？联想在艺术欣赏中能起什么作用？

这些问题一般人可以不去深究，但从事艺术创作和艺术评论的人却必须清楚。

首先，联想是一种心理活动，很早很早以前就引起了一些大思想家的重视，像柏拉图和亚里士多德就明确地谈到了联想，并为联想设计了三大定律：接近律、对比律和相（类）似律。

接近律：在时间或空间上接近的事物容易发生联想。例如，火柴和香烟。

对比律：在性质或特点上相反的事物容易发生联想。例如，白天与黑夜。

相（类）似律：在形貌和内涵上相似的事物容易发生联想。例如，繁星与街灯。

现代心理学认为，联想是回忆的一种形式。联想源于客观事物之间的相互联系。

注意，还要区分一下联觉与联想——

联觉：由一种已经产生的感觉，引起另一种感觉的心理现象。

联想：由一种事物的经验想起另一种事物的经验，或由想起的一种事物的经验，又想起另一种事物的经验。

联想在艺术创作中的作用：从心理上提供了某种可能，利用联想的各种规律，使作品的时间和空间在人的心理上得以扩大与延伸。

《霞光万道·4》　摄影　张贞宁

我们可以进一步看看联想在美学中的表现形式。为叙述方便，这里还是借用柏拉图和亚里士多德提出的"联想三定律"——接近律、对比律和相（类）似律。

有的学者也用"接近联想""对比联想"和"相似联想"进行表述。

接近联想是经由某一事物的感知和回忆，引发对和它在空间上接近的其他事物的回忆。

我们在艺术作品中常常见到接近联想。

例如李白的《宣城见杜鹃花》：

"蜀国曾闻子规鸟，宣城还见杜鹃花。一叫一回肠一断，三春三月忆三巴。"

李白在安徽的宣城，看到杜鹃花开得艳丽，立即引发了对故乡四川的一系列联想。

宣城杜鹃花开的季节，正是四川子规鸟啼之时，李白自然而然最先联想到子规鸟的啼鸣。

由子规鸟啼，进一步引发对故地的回忆与眷恋，从而形成美感，引起读者的共鸣。

又如俄罗斯画家列维坦（1860—1900）的风景画《弗拉基米尔之路》：

一条貌似普普通通的路，又是一条具备强烈象征意义的路。

联想，将这条普通的乡间之路变成了伟大的艺术品。

——起伏不平的荒野中间，分明是人踩出的一条土路，路上散落着一些被风雨侵蚀的碎石块，路的两旁各有一条不宽的土路，弯弯曲曲与中间的路伸向远方；一个黑衣女人孤独地站在右边的小道上，她的右边立着一个被遗弃的路标；路消失的尽头，是青灰色的天，天空中看不见一丝蓝色，满是灰白色的云层，几朵云彩乱而凝重；云的下面横着一排参差不齐的树，左边树的远处隐约可见教堂的白色塔楼……就是这样一条路——没有花，没有马，没有孩子，没有池塘，没有白桦，甚至没有草垛，没有秋日的金黄。

不要问为什么，因为这是一条通向西伯利亚的路。

《弗拉基米尔之路》　［俄］伊萨克·伊里奇·列维坦　1892

　　一条充斥着绝望、苦难和死亡气息的路。

　　随着我们的目光走上了这条路，于是也就听见了镣铐的银铛声、病人的呻吟声、女人的叹息声、狱卒的呵斥声……

　　联想又将人的知识储备迅速调了出来。熟悉柴可夫斯基的人，心头会骤然涌起大提琴的鸣奏，《D大调弦乐四重奏》第二乐章——《如歌的行板》。乐音仿佛一把锋利的刀，从画面划过，满是刀锋割破碎纸的声音。

　　破碎之处，心里悲伤成河。

　　仿佛听到了列夫·托尔斯泰声音浑厚地说：

　　"我已经接触到忍受苦难人民的灵魂深处。"

《空灵之境》 摄影 张贞宁

由于联想，欣赏者完全可以在艺术家没有直接表现，也不必直接表现的情况下，更加自由地领会到作品的内涵，动态地把握艺术形象的审美价值。

中国美学讲究"留白"，多数源于此。

相似联想因为事物性质上的类似所引起，又因为性质类似于人的精神品质，所以往往会转化为"象征"。

如高尔基文章中的海燕，茅盾文章中的白杨树，徐悲鸿画作中的奔马，舒婷诗中的橡树，郭沫若诗中的炉中煤，等等。

对比联想则利用心理反差，有意进行对比，反衬出强烈的情感纠葛。

如孟浩然的《春晓》："春眠不觉晓，处处闻啼鸟。夜来风雨声，花落知多少？"

春日晓晴，鸟鸣啾啾，心情大好。忽而就联想起夜雨中飘零的花朵，不胜感慨之至。

谁又知道孟浩然先生有没有把自己的命运与夜雨中飘零的花朵联系在一起呢？

心理上的反差，更好地体现了作者对春日美景的无限珍惜。

美感中的相似联想，往往以人的情感为中介，从而大大丰富了艺术创作的原野。

乌申斯基指出：它是由诗意情感所揭露的诗意的对立，因而联想和情感始终是互相渗透、互相作用的。

有空的时候，我们不妨梳理一下自己的联想机制。

直觉

直觉属于审美心理学范畴。

一般认为，艺术家就是审美直觉能力特别强的人。

从哲学到审美心理学，学界划出了一条鸿沟，当然也可以认为是一个渡口。

站在这个渡口的标志性人物叫克罗齐。

克罗齐是意大利的哲学家和美学家。20 世纪初的西方世界，他的美学曾一度被认为是唯一的美学。克罗齐算得上继康德、黑格尔之后的又一个大帅。

克罗齐说过一句著名的话："审美即直觉。"这句话看起来容易，真正理解其实不太容易。

"审美即直觉"是克罗齐一段话里的一句，完整的表述应该是：

"审美即直觉，直觉即表现，表现即创造。"

这里，直觉成了创造之基。

《月色倾城》 摄影 张贞宁

　　我们最容易犯的一个错误，就是以为自己理解了的东西，别人也一定会理解。

　　克罗齐的这段表述，有如禅宗的"非心非佛""即心即佛"一样，完全理解并非易事。

　　那么，什么才是克罗齐先生表述的"直觉"呢?

　　克罗齐很固执。他坚定地认为，美学就是"直觉的科学"。

　　这种观点起了两个作用，一是终结了鲍姆加登以来对于美的基本判断；二是实证了德国古典美学以后唯心主义美学的"破门而入"。

　　克罗齐的"直觉说"，系统地体现在其所著的《美学》一书中。他的美学观点，完全建立在"直觉即表现"这个基本论点之上。

　　那么，什么是克罗齐所说的"直觉"呢?

　　——这得从克罗齐的哲学立场开始。

　　克罗齐的哲学立场有两点值得特别关注:

一是他的哲学只研究精神活动；二是他把精神活动分为认识和实践两类——认识中包括直觉和概念；实践中包括经济和道德。

而且，克罗齐进一步认为，在认识的两个阶段中，直觉是低级的，概念是高级的，直觉不依存于概念，概念却包含了直觉。

不管克罗齐的哲学立场是否导致了他立论的武断，反正片面地将对直觉的认识和理性判断基本对立起来，我以为起码是"不合时宜"的。

比如，克罗齐据此得出结论，只有婴儿难辨事物真伪的那种感受，才是纯粹的直觉。

百度汉语解释：未经充分逻辑推理的感性认识。直觉是以已经获得的知识和累积的经验为依据的，而不是像唯心主义者所说的那样，是不依靠实践、不依靠意识的逻辑活动的一种天赋的认识能力。

朱光潜先生的解释是：

"最简单最原始的'知'是直觉，其次是知觉，最后是概念。拿桌子为例来说，假如一个初出世的小孩子第一次睁眼去看世界，就看到这张桌子，他不能算是没有'知'它。不过他所知道的和成人所知道的绝不相同。桌子对于他只是一种很混沌的形象，不能有什么意义，因为它不能唤起任何由经验得来的联想。这种见形象而不见意识的'知'就是'直觉'。"

我赞同朱光潜先生的说法。

尽管我们可以不完全同意克罗齐的推论，但这并不意味着可以否定"直觉"在艺术创作中的重要作用。

心理学将上苍恩赐给人类的感官系统分为六种：第一感是视觉，第二感是听觉，第三感是触觉，第四感是味觉，第五感是嗅觉，第六感是直觉。

直觉相对最为具体，比如，某些突发事件，在来不及思考的情况下也能迅速做出判断和反应。或者莫名涌现一种感觉，会有事情发生，虽然并不清楚具体是什么事，但是情绪会迅速告诉你这是好事还是坏事。

当然，直觉也有可能是潜意识的作用，一些信息在直接的感官作用下不知不觉被我们接受，而大脑在我们无意识状态下根据经验或其他逻辑迅速做出的一种预判。比如，能凭直觉感受到空气中弥散着紧张或危险的气氛。这似乎是一种本能，抑或是野外的动物及原始人对待危险的警惕传承至今。

一段时间里，对第六感的关注相对比较多，应该归于某种超能力一类。虽然同样是对未来的预知，但是第六感往往是毫无缘由的，比如亲朋好友间的一些特殊感应，往往是非常准确的，大家似乎都能找到关于这方面的一两次深刻体验。

第六感说明这世界存在着超出我们知觉以外的某种联系，无非目前尚未实证而已。

需要注意的是，第六感不能完全代替直觉。

看似矛盾，细细辨识，有其道理。

移情

"移情"是审美心理学的核心概念，也是艺术创作与艺术欣赏常见的心理反应。

学者发现，一个客观对象美不美，在很大程度上取决于我们的主观情感态度。

"情人眼里出西施"是这样，"儿不嫌母丑，犬不怨主贫"也是这样。

"移情"这一概念，因为重要，又因为使用的人多，所以有了各种解读。

有的把"移情"理解为"移感"，有的理解为"输感"，也有理解为"移就"的。

"移情"大致是表达"把主体的情感'移入'或'输入'对象"的意思。

他们各有各的理由，这也带来一定程度的麻烦，概念之间容易产生歧义。

比如，"移情"和"移就"就非常容易混淆，有必要区别对待。

"移情"和"移就"的区别如下：

"移情"是将人的主观的感情移到客观的事物上，反过来又用被感染了的客观事物衬托主观情绪，使物人一体，能够更集中地表达强

《霞光万道·7》 摄影 张贞宁

的感情。

而"移就"是甲乙两项事物相关联，就把原属于形容甲事物（或人）的修辞语移来属于乙事物（或人），是一种词语活用的修辞手法。

简言之，前者是"移人情及事物"；后者是"移形容及事物（或人）的词来形容乙事物"。

我以为懂得了"移情"的道理，对于美化生活是很有作用的，起码可以让我们更好地欣赏各种艺术。

有学者认为，审美过程其实就是一个移情的过程。在这个过程中，因为人的内在联想机制的作用，我们在不知不觉中会将主体的情感"移入"对象，当移入部分达到一定程度时，往往会使自我变成了对象，而对象又变成了自我。

到这种程度时，我们就会觉得这个对象是美的。

《庄子·秋水》记载的著名的"子非鱼"，很能说明这一点：

庄子有个朋友叫惠施，也叫惠子。惠子和庄子在一起最大的乐趣就是抬杠。一天，两人在桥上看鱼。

庄子看到鱼，很高兴，说："你看那鱼儿从容出游，是鱼的快乐呵。"

惠子立即反驳:"你又不是鱼,怎么知道鱼是快乐的呢?"

庄子说:"你又不是我,怎么就知道我不知道鱼是快乐的?"

惠子接过话茬又驳道:"对呀,正因为我不是你,所以我不知道你。同样,你不是鱼,当然也不知道鱼。"

惠子曰:"子非鱼,安知鱼之乐?"庄子曰:"子非我,安知我不知鱼之乐?"惠子曰:"我非子,固不知子矣;子固非鱼也,子之不知鱼之乐,全矣!"

庄子和惠子仿佛各有各的道理。但是静下来仔细研究一番,还是能够发现问题的:因为庄子和惠子的"子非鱼"说,表面上说的是一件事,但出发点和落脚点都不一样。

惠子从哲学角度出发,提出了一个认识论问题;而庄子则从审美角度出发,提出了一个审美"移情"问题。

惠子提出的问题是,作为个体体验的感受,能否被他人所认识;而庄子的态度是,"鱼之乐"是通过"移情"、"植入"而得到的。

也就是说,鱼快乐与否,我们是真的不知道的,但在审美过程中,庄子自己快乐了,他在观鱼的时候,将自己的快乐"移"到了鱼的身上,于是便觉得鱼也是快乐的了。

这种审美心理过程,学术上简称为"移情"。

"移情"在文学艺术的创作中,应用十分广泛。

诗词:"昔我往矣,杨柳依依"(《诗经·采薇》);"感时花溅泪,恨别鸟惊心"(杜甫《春望》);"更喜岷山千里雪,三军过后尽开颜"(毛泽东《长征》)等,均恰到好处地运用了"移情"手法。

绘画:王沂东作品中的沂蒙图像;段正渠作品中的乡土悲悯;勃鲁盖尔和米勒笔下的农民;戈雅画布上的起义者等。

其他艺术创作也经常调动"移情"手法企图唤起人们的审美情感。尤其是电影,每当故事出现悲壮的情节的时候,常常推出大海苍松;而每当有人面临绝境之时,又常常出现电闪雷鸣,或阴云惨淡,或凄风苦雨。

借助"移情"手法,可以表达

《农民的舞蹈》　［荷］老彼得·布鲁盖尔　约1568

更为丰富的思想感情。我们应该学会运用，用各种物象来表达各种丰沛的情感，使得我们的口头语言和书面语言更加生动、更加形象、更加活泼、更加富有情趣。

朱光潜先生强调：

"依里普斯看，移情作用所以能引起美感，是因为它给'自我'以自由伸张的机会。'自我'寻常都囚在自己的躯壳里，在移情作用中它能打破这种限制，进到'非自我'里活动，可以陪鸢飞，可以随鱼跃。外物的形象无穷，生命无穷，自我伸张的领域也就因而无穷。"

朱先生不愧是美学家，他把"移情"看作放飞自我的钥匙，这对于艺术创作和艺术欣赏而言，无疑是非常重要的了。

当然，不是所有"外物"都可以随便"移情"的，这是另外一个问题，当别论。

心理距离

　　"心理的距离"由英国心理学家布洛提出并用来解释审美现象，这使得"心理距离说"成为西方现代美学中最有影响的审美心理学说之一。

　　布洛认为，在审美活动中，只有当主体和对象之间保持着一种恰如其分的"心理距离"时，对象对于主体才可能是美的。

　　为了说明这个概念，布洛举了一个例子——

　　海上升起了大雾。

　　美，还是不美呢？

　　这就得用上"距离说"了。

　　什么距离？当然是心理距离。

　　面对"海上升起大雾"这样的场景，每个人因为站位不一样，而导致了"心理距离"的不一样。

　　如果你是船长、水手，抑或是船上的乘客，那么，海雾显然不美——

　　因为船长也罢、水手也罢、乘客也罢，他们乘坐同一艘轮船，面对茫茫海

《叠影》 摄影 叶启

雾，无异于面对捉摸不定的凶险。这时，他们心理上升起的只能是恐惧和不安。

如果你作为一个旅行者，站在岸上，那就完全是另外一回事。

海天之间的茫茫大雾，让海平面、让礁石、让灯塔，让那艘即将启航的轮船都变得朦朦胧胧、若隐若现，平时能见到的景致因司空见惯显得平淡无奇，这时却因这茫茫大雾变成了美景和奇观。

心理上的这种强烈反差，正是源于"心理距离"。

"心理距离"不是"物理距离"。

心理学家反复研究，发现丈量"心理距离"的尺子叫"超功利"。

换句话说，"超功利"就是没有任何心理负担。

仔细想想，这种发现对于美学，真的贡献巨大。

所谓"距离"，原来就是超功利。因为没有利害关系，我们在欣赏灾难片、武打片时，才会没有任何负担地进入审美状态。

但"心理距离"的一部分又来自"物理距离"。

比如，抗战期间，鬼子屠杀同胞，在现场的你只会产生恐惧、产生仇恨。

若干年后，当父辈向你讲述这件事时，先是有了时间的距离——毕竟是多少年前的事情了；再是有了空间的距离——在现场的人已经远离现场了。

由于时空距离的存在，我们才有感同身受、身临其境的感觉。

但心理上的"害怕"远遁，"恐惧"消失了。

换句话说，站在时空距离之上的心理距离，因为它的超功利性，为我们开辟了一条审美通道。

我们似乎能更好地理解康德的那句话：

"无利害而生愉快。"

一旦把"距离"列入审美的前提条件，有些百思不得其解的问题便有了出处。

比如，我们去博物馆，看到一些古董很简陋，也很粗糙，却很美，这是为什么呢？

除开造型、纹饰以外，最重要的恐怕就是文物的历史感了。

而这种历史感，正是"心理距离"。

我们不但透过这个"古董"，能窥见先人的工具的粗糙、审美的定格，还能通过联想，展现制造这一物件的时代背景，看到一种原始的、野性的生命活力。

于审美而言，"心理距离"本身也有尺度，距离太大，会导致美感丧失，距离太近，同样也会使美感丧失。

距离的尺度，哲学上表述为：熟悉的陌生感。

作为艺术家，把握好"心理距离"的尺度，恐怕是创造出优秀作品的必要手段。

何为"艺术"？

我们知道，人类理性抵达不了的地方，才需要诉诸艺术。

所以，任何艺术所表现的形式，具象也罢，抽象也罢，都只可能是手段，而不能构成目的。

已经过去的 20 世纪，在艺术探索上狂飙突进。抽象画的出现大大拓宽了造型艺术的领域，为绘画提供了新的手段与表现形式，传统绘画中的点、线、面，色彩与明暗，在二维平面上获得了柳暗花明的特殊效果。

争论的焦点在于要不要在抽象中保留哪怕一点点具象。

武宁应该长成什么样子？南昌应该长成什么样子？油画应该长成什么样子？国画应该长成什么样子？

我想事物原本都有自己生生不息的道理。

"全球化"是指经贸方面的交流，绝不会是文化方面的统一。事物之间的差异化，可能是需要我们认真考虑的事情。

山水图（局部） 清代 龚贤

美，等于艺术？

美，等于艺术吗？抑或说，艺术等于美吗？

老实说，这个问题我很长时间没有弄清楚，读电大时没有弄清楚，读本科时没有弄清楚，读研究生时还是没有弄清楚。

没有弄清楚的概念又常常在生活或工作中碰到，尴尬的事情便不时发生。

出现判断失误几乎是必然的了。

于是，把这个极容易混淆的概念弄清楚，变成了我一段时间里的必解之结。

终于我渐渐明白了——

艺术美是美的分类中的一部分——并不是所有美的东西都是艺术。

在美的分类中，美涵盖的范围很广，包括了很多内容，具体可以概括为三部分：

自然美、社会美和艺术美。

学界认为，只有人为创造的才叫艺术，大自然的美显然不能归为艺术，所以并不是所有美的事物就是艺术。但是人类可以将所有美通过人类的智慧加工，以艺术的形式表现出来。

比如，这张摄影照片，因为

《山之韵律》 摄影 张贞宁

有了人为的创造，所以可以被称为艺术。

艺术可以审美，也可以审丑，还可以玩观念。这是艺术和美的区别。

艺术是一种产品，审美是一种规范，抑或是一种判断。艺术作品是否优秀，放进审美规范里审视判断一番，就能了解这件艺术作品的品位。

也许可以说，所有艺术创作的皈依，都是为审美服务的。但是，审美趣味会随着人们观念的变化而变化，往往影响和统领艺术创作的风格。只有那些遵循一个时代审美价值判断的作品，才能成为那个时代最优秀的艺术作品。

审美过程是尊严的体现。这种体现，既是自我尊重也是对别人的尊重。

比如，在庄重的场合，一个没有仪式感的人、着装随意的人既是对自己的贬低，也是对他人的不敬。往更高的意义上讲，审美可以让人知晓世界上的美好与丑恶。它告诉每一个人，文明应当是有底线的，知道有些事情是绝对不可以去碰、不可以去做的，而不是为达目的不择手段。

审美具有直觉性。

所谓审美直觉就是对美的形态的直接感知，是对审美对象的整体把握。

审美直觉包含着三层含义：

一是指审美感受的直接性、直观性，即整个审美过程自始至终都是形象的、具体的，在直接的感知中进行；

二是在审美中对审美对象从全局整体上而不是支离破碎地感知；

三是指审美感官愉快，审美感官不是先有理智的思考和逻辑的判断，而是直接产生的，即在美的欣赏中无须借助抽象的思考，便可不假思索地判断对象的美或不美。这种直觉性贯穿于美感的一切形态之中。

在艺术美的欣赏中，美感产生的过程就是审美意象再造的过程。

回到美与艺术的关系。

美与艺术的关系应该属于一种交集的关系，彼此相关但都有不能完全重叠的地方。

艺术与美的关系问题，是美学史上长期争论的一个问题。车尔尼雪夫斯基坚持认为，美不能完全包括艺术的内容，艺术除表现美以外，还表现其他非常广泛的内容。因此，"历史上还没有专门以美的观念创造出来的艺术作品"。

普列汉诺夫的观点是，艺术的确不限于表现美，还广泛地表现美以外的许多追求，但这些追求必须表现在艺术家的"美的观念"中，美学就要说明它"怎样表现"，和它"怎样在社会发展中发生改变"。

普列汉诺夫认为，对于有机体的艺术作品来说，并非只是"一部分表现美的观念，一部分则表现对于真理、道德和改善生活等的愿望"，而是"美的概念本身就渗透

着这些愿望，并且本身表现出这些愿望"。这就是肯定艺术作为整体，是"表现"和"渗透着"美的观念的。

他进一步指出，如果被表现的某些道德的和实际的愿望不依赖于"美的观念"，那么，这样的艺术和批评，"它就必然具有道德说教的性质"，就是游离于"美的观念"之外，单纯地表现道德的和实际的愿望，那样的作品是"非艺术"的东西。

艺术的内容，包括进入作品的客体世界与主体世界，不都是美的，却应该都是审美的。具体到艺术创作来说，艺术家总是根据其审美观、审美理想，从审美角度去认识、反映和能动地改造世界的。

创造艺术美，不仅包括使原本就是美的东西获得艺术美的品格，而且包括使那些丑的和非美非丑的东西获得艺术美的品格。

艺术美，核心在于作者的思考。如果说，艺术品是金块，那么，创作者的思考就是点金术。

《山脉传奇》 摄影 张贞宁

审美愉悦

德国哲学家谢林说：

"没有审美感，人根本无法成为一个精神富有者。"

审美愉悦是指由审美刺激而引起的个体心理上的快乐感受。它包括三个层次：审美感性愉悦、审美领悟愉悦、审美精神愉悦。

这里有必要先了解一下"观赏"这个词。

"观赏"，就是"观看"与"欣赏"组合起来的一个词。

因为每个人都有"观赏"的时候，但往往不会引起我们的特别注意。

我认为注意到"观赏"这个词时，有两个点必须甄别清楚：

一是，"观赏"不是"认知"；二是，"观赏"时，"人"总是处于"超功利"状态。

"观赏"和"认知"，虽然都要从感觉开始去感受，但"认知"的活动路径是：感觉、知觉、概念；而"观赏"则"单刀直入"地使用"直觉"即可。

也就是说，"观赏"只需要用人身上"与生俱来"的"感触"系统，这种带着原始气息的状态，不需要由感觉升华为知觉，更不需要将知觉转换为

概念。

简直太简直了。

审美感性愉悦指由于感性刺激而达到的感官反应和谐适宜的美感状态。它偏重感性能力对审美对象形式、样式、结构、节奏、旋律的直观感受，理性功能隐而不显，含而不露。它往往缺乏持久性、变异性，是较低层次的境界，标志着感性能力培养的结果，是进入较高层次审美境界的基础。

审美领悟愉悦指由于对审美对象的理解而产生内心快慰的美感状态，通常表现为对深刻内容和真理领悟的快慰。

审美精神愉悦指由于高级心理因素，如道德观、价值观、信念等的呼应而产生的美感状态。

审美愉悦来源于对人的本质力量的肯定，表现为对狭隘功利性的超越和对于生命力的追求。

我们知道，审美是一种感情，是一种喜悦和愉快的感情。无论什么样的审美对象，它总是能给人们带来审美的喜悦。崇高美，诸如奇峰突起、绝壁悬崖、霹雳闪电，虽然它们使我们的耳目受到强烈的刺激，但往往能给人以一种愉悦感。听莫扎特的音乐，读张若虚的诗，登八达岭观万里长城，都可以获得这种激动的或平静的喜悦、愉快的美感享受。这种愉悦感来自身心与能力的和谐运动，令人感到一种恰然恬然，左右逢源，轻柔流畅，游刃有余的自由。

审美愉悦之所以是非功利的，又是有功利性的，是因为它表现了对狭隘功利性的超越和对于生命力的追求。

美育代宗教

现在网上流行一句话，说"美盲"比"文盲"更可怕。要我说，这句话本身也很可怕。

可怕的地方，在于说话的人和听这句话的人，都不太清楚"究竟什么是美"，"美从何来"，"艺术与美到底是什么关系"。

我也是其中的一员，但我愿意分享自己的学习体会和鼓励有缘人向"美"攀登，我为曾经服务过的单位写下了八个字："书缘美伴，心存高远。"

我们现在的"美盲"多，应该主要是由于长期以来，人们不曾受到适当的艺术教育而致。因此，"以丑为美"者有之，"指鹿为马"者有之，"李代桃僵"者亦有之。

社会上负责实施大众美育的政府部门主要有两个，一是文化，一是教育。我们还有更高规格的宣传部和文明委，分工也是非常明确的。教育部门指导各类学校实施正式的大众美育，文化部门指导社会其他阶层实施课堂教育之外的非正式大众美育。

综观欧美各国推动大众美育，方法具体，卓有成效。后来，我们又引进为"德、智、体、美、劳"

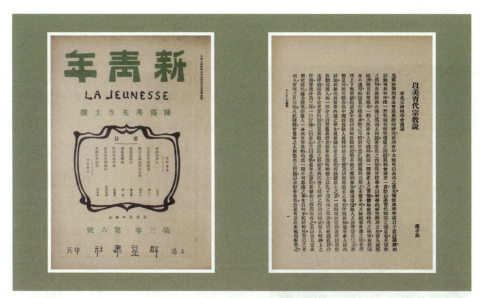

《新青年》杂志中登载的蔡元培《以美育代宗教说》

全面发展，但收效并不显著。

究其原因，窃以为与"大众美育"的目标并不十分明确，措施也不十分完善有关系。

首先，我们可以重温一下民国初年蔡元培先生提出的"以美育代宗教"的著名论断。

作为20世纪我国的教育理论家和实践家，蔡元培先生对美育的大力倡导是别具一格的。他的美育论述涵盖面很广，几乎涉及与美育相关的各个范畴和许多层面。其中，"以美育代宗教"说是其自始至终最为强调且最具独到性的。尽管这一主张在当时引起过多方争议甚至反对，时至今日也未能在学术界形成共识，但在当时中国社会历史的大背景下，无疑有着相当的积极意义。

蔡元培（1868—1940）先生是前清翰林，近代著名的民主革命家和教育家，曾任南京临时政府教育总长、北京大学校长、中央研究院院长等职。蔡元培对我国近代教育贡献极大，堪称"学界泰斗、人世楷模"。他曾提出过著名的"五育并举"的教育方针。这"五育"分别为：军国民教育、实利主义教

蔡元培

育、公民道德教育、世界观教育、美感教育。其中，"美感教育"是蔡元培先生一个非常有特色的教育思想，尤其以"以美育代宗教"的口号闻名于世。蔡元培"以美育代宗教"的思想，在其《赖斐尔》《对于教育方针之意见》《教育独立议》《以美育代宗教》《美育代宗教》等文章中都有体现，特别是1917年他在北京神州学会的讲演词、后发表于《新青年》杂志中的《以美育代宗教说》一文，最具代表性。

虽然蔡元培并未就此写成专著，但"以美育代宗教"的思想贯穿于蔡元培先生一生。早在新文化运动中，他就不止一次地提出"以美育代宗教"，强调美育是一种重要的世界观教育。

1938年2月8日，蔡元培逝世前两年，在为萧瑜编著的《居友学说评论》一书撰写序文时，还提道："余在20年前，发表过'以美育代宗教'一种主张，本欲专著一书……而人事牵制，历20年之久而未成书，真是憾事。"

其实，"美学随笔"也是2022年5月之后的未竟之思。所以，要真正告别一段时光，恐非容易之事。

继续讨论蔡元培先生的"美育代宗教"。

我从各种渠道搜集到了一些有关"美育代宗教"的背景资料，或许于理解这一论断有所帮助。

一、蔡元培认为各种宗教彼此之间都党同伐异，都具有"扩张己教攻击异教"的偏狭性，常常卷入现实的政治斗争、种族冲突，"以此两派相较，美育之附丽于宗教者，常受宗教之累，失其陶养之作用，而转以激刺感情"。蔡元培着力批评了当时的中国有些佛教徒不珍惜共和时代，附和帝制，热衷于经忏及偶像崇拜。

二、蔡元培将宗教与美育进行对比，认为宗教具有明显的局限性："美育是自由的，而宗教是强制的；美育是进步的，而宗教是保守的；美育是普及的，而宗教是有界的"。因此，蔡元培提倡"以美育代宗教"，"鉴激刺感情之弊，而专尚陶养感情之术，则莫若舍宗教而易以纯粹之美育"。在蔡元培看来，以美育代宗教，使国人的感情勿受污染和刺激，使其受艺术熏陶而纯正，以满足人性发展的内在需求。

当然，蔡元培对宗教也并非全盘否定，在《以美育代宗教》、《美育代宗教》等文中，他也看到了以往各大宗教之中业已包含的"五育"因素："宗教本旧时代教育，各种民族都有一个时代完全把教育权委托于宗教家，所以宗教中兼含着智育、德育、体育、美育的元素。说明自然现象，记啼创世次序，讲人类死后世界等是智育。犹太教的十戒，佛教的五戒……是德育。各教中礼拜、静坐、巡游的仪式，是体育。宗教家择名胜的地方，建筑教堂，饰以雕刻、图画……有超出尘世的感想，是美育。"

在新文化运动中，"以美育代宗教"这一观点引起的争议很大，特别是招致许多业内学者的反对，陈独秀、罗家伦、周作人、周谷城、熊十力、吕澂、朱维之、赵紫宸等许多著名学者都对此发表过各自的看法。如近代著名佛学家吕澂在《时事新报》上撰文说："艺术的极致是认明各个分离独立的我，宗教的极致是舍去一切我的执着。一是人生的正面，一是人生的反面，人生也只有这两面。"因此，吕澂先生不赞同以美育代宗教。而近代著名基督教神学家赵紫宸也认为："我国学者不察，徒谓宗教徒借重于美艺，不知美艺实成就于宗教，因此有美育代替宗教之说。"即便我国早期唯物主义历史学家周谷城，也不赞同蔡元培先生以美育代宗教的观点，他认为："就生活的本身看，以艺术生活代替宗教生活之主张是不对的，也是不察实际，任意主张的。"

"以美育代宗教"是我国近代美学发展史上的一大思潮，王国维先生在《去毒篇》一文中便说："美术者，上流社会之宗教也。"有关"以美育代宗教"的争论，客观上刺激了当时人们对美学、对宗教本质属性的认识，应该是有其历史意义的，这一现象，值得我们深入思考。

再来谈一下我对蔡元培先生"美教代宗教"一说的看法：

这个问题比较复杂，不是三言两语说得清楚的，以我的水平更是怕说不清楚。但，一个问题总有"正反"两个方面，我想从这两个方面分别谈，线索可能会相对清晰些。

一、正面：

（一）对宗教的批判性认识

蔡元培认为宗教诞生之初，兼具

教育、"真、善、美"、保存优秀传统文化和给人带来心灵慰藉的作用。首先，就教育而言，在社会未开化的时代，人们脑力简单，认为自身与世界万物的联系妙不可言，常常会产生"生自何来？死将何往？创造之者何人？管理之者何术"等问题并追求答案，于是有的宗教家能够勉强回答。其次，体现在真、善、美上，蔡元培认为宗教上惩恶扬善说是"善"的方面；以医术为媒介、以传授常识为职务是"真"的方面；利用建筑、雕塑、装饰和音乐等引人入胜则是"美"的方面。再次，他认为欧洲最灿烂的古希腊、古罗马文明之所以能够保存下来，宗教功不可没，发挥着保存优秀传统文化的价值。最后，则是给人带来心灵慰藉的作用，当人们面对疾病、痛苦和死亡等常让人感到无能为力的事件时，常常会借宗教发泄心中的郁结之情。

但这一切都随着科学的发展而产生了变化，它的积极作用最终消失，而消极作用逐渐明显。首先，

莫高窟 303 窟

对于日月形象、人类起源、动植物的分布等现象都能用科学的知识进行论断，以往的宗教学说已然不适用。其次，死守教义，信教之人切不可违反教义，信教之人的言行举止皆以教义为参考，且不可违背。并且宗教之间经常伴有冲突。

正因为宗教有着上述弊端，蔡元培先生认为，要舍弃宗教而用纯粹的美育来陶养人的情感。

（二）对美育价值的充分肯定

首先，蔡元培认为美育可以培养人，让人能够超越物质层面的束缚，继而上升到精神层面追求，以达到实现陶冶人的情感之目的。当人们吃食追求饱腹、穿衣以求暖肌时，这表明个体的追求仍然只是停留在生命的物质层面。"美"则不同，它不掺杂任何主观成分在其中，具有普遍性特征，一如夜空中的明月，人人可以赏而分之。于是在"美"的普遍性的基础上，人们在观赏一件画作、读一首诗歌、听一曲音乐的过程中，能够在物质条件满足的基础上，忘记一己之利害，得到精神的愉悦。在美的熏陶的过程中，也能够培养人从容恬淡、应付裕如和大无畏等精神。

其次，美育能够促进科学的发展。蔡元培认为，要想研究科学、发展科学，首先要培养对科学的兴趣，而培养"兴趣"便离不开美育。同时，要想发展科学，必须培养人的创造精神，而美育在人的创造精神的发展过程中有着独一无二的作用。并且，美育还能减少或减轻科学研究中的种种弊端。科学研究的过程中往往夹杂着少许乏味，偏重概念和分析，而忽视了人的情感作用。正因为美育能够熏陶并培养人的情感，完全可以作为科学研究中的"调节剂"，从而促进科学的发展。

最后，美育也是"改造"社会的工具，但这种"改造"是要通过培养积极的、健康的审美观念和改造社会环境来实现的。基于此，蔡元培对当时社会低级庸俗的审美观念和丑恶的社会现象进行了尖锐的批评，他认为中国画虽是中国传统的绘画形式，但是拘泥于对古人的模仿，剧院播放的戏剧和音乐审美内涵较为浅薄等，只有文学稍有进步。故要通过美育对社会文化现象加以改变。

正是对宗教的批判认识和对美育价值的肯定，所以蔡元培认为美育是自由的，宗教是强制的；美育是进步的，宗教是保守的；美育是普及的，宗教是有界的。

蔡元培先生的结论是：不能以宗教充美育，只能以美育代宗教。

（三）明确了实施美育的基本途径

如何实施美育？蔡元培先生主要从"家庭美育"、"学校美育"和"社会美育"三方面来进行论述。

首先，他认为家庭美育是人的情感、态度和价值观生发的基础，因此必须非常重视家庭美育，并且提出了胎教理论。

其次，学校是个体从家庭走向社会的中心纽带。学校教育阶段也是一个人审美观念、审美情趣和审美创造力等形成的关键时期。学校是有目的、有计划进行教育的场所，这就决定了学校是实施美育的主要场所，故蔡元培说："美育的基础，立在学校。"

最后，蔡元培对"社会美育"也极其关注，因为大部分人最终要离开学校走向社会，在社会中生存和成长。关于"社会美育"，蔡元培借鉴了西方社会美育的经验和方法——设置"美育机关"和"地方美化"。"美育机关"主要指博物馆、美术馆、音乐厅和剧院等；"地方美化"主要包括道路、建筑和公园的建设。

上述三条，让蔡元培先生对自己提出的"以美育代宗教"之前瞻性与正确性深信不疑。

（四）"以美育代宗教"思想的当代价值

虽然"以美育代宗教"的思想提出的年代离我们今天已然久远，也存在一定的不足有待完善，如没有充分认识到宗教存在的根源和消亡的条件、过分夸大了美育的价值等，但是对于"以美育代宗教"中所蕴含的美育思想以及美育的价值，没有人能够也没有人会彻底否定。

首先，构建"社会人"所需要的审美素养。当今，随着社会的发展与不断进步，党和政府将美育提到了前所未有的高度，并颁布了一系列的文件，使美育在当下社会受到了广泛的关注与重视。这是因为审美素养是每个"社会人"具备的公民素养之一。另外，美育的目标就是让"社会人"具备一定的审美素养和审美能力。美育也正是获得审美素养和审美能力的途径。

其次，美育在素质教育中发挥着不可磨灭的作用。素质教育以提高国民素质为根本，以培养学生的创新精神和实践能力为重点。而美育有助于德育、智育和体育的实施与完善，故美育也是实施素质教育的基本途径，在素质教育中有着重要的作用。

蔡元培的"以美育代宗教"的思想是在特定的社会背景中提出来的，但即使在当时来看，也有相当的弊端和不足。如今，清除其弊端，弥补其不足，是题中应有之义。蔡元培先生提出的优秀的美育思想和正确的美育观仍值得我们继承，并且要随着时代的发展不断充实和赋予其新的内涵。

一个民族要实现伟大复兴，不能缺失精神文明建设。

而"大众美育"，正是所谓的"短板理论"中的那块"短板"。

二、反面：

第一，"以美育代宗教"的核心要义在于"没有将美与善分别开来，在教育指向的功能上混淆了目标概念"。（除下文稍做展开外，这一课题还准备专文讨论。）

第二，"以美育代宗教"思想仅仅停留在"喊口号"阶段，没有做到真正去推动美育的普及。

第三，"美与艺术"的区分工作做得不彻底，导致普通人对于"美与艺术"的观念进一步模糊，误认为"艺术等于美"，"美，必然与艺术有关"等。

这三条，应该说在客观上阻碍了美育的推广和普及。我们可以一条条仔细分析，采取"有则改之，无则加勉"的态度，争取在扫除了"文盲"之后，也扫除"美盲"。

先看第一条，美与善，为什么要分开阐述呢?

我们在相当长的时段，是将"真、善、美"放在一起讲的。这样做有它的好处，但弊端也显而易见——

首先，导致了"美""善"不分;并且，"真"与"美"、与"善"不分，也带来了观念上的芜杂。特别是在中国传统文化的背景下，常常把"真、善、美"看作一体。

其次，"美育"这个概念本身，在当时也没有被完全厘清。比如，美育与艺术教育有什么区别? 两者是同一回事吗?

再次，如果我们将"大众美育"看作一项大型工程，那么，基础工作就必须先行。

历史的经验告诉我们，任何工作，打基础是异常重要的先期工作。"基础不牢，地动山摇。"

因此，我们现在如果要尝试做一点有关"美育"的普及或推广工作，应该从"1+1=2"开始。

从事文化、教育方面工作的朋友应该是大众美育的"播种机"和"先锋队"。

何谓"美育"

我们首先要辨识清楚，何谓"美育"？

2018年8月30日，中共中央总书记、国家主席、中央军委主席习近平给中央美术学院8位老教授回信，向他们致以诚挚的问候，并就做好美育工作，弘扬中华美育精神提出殷切期望。

"百度百科"如此解读"美育"——

美育是审美教学与美感教学的结合，通过教育提升人们认识美、理解美、欣赏美、创作美的能力，是新时代培养德、智、体、美、劳全面发展的社会主义建设者和接班人的重要着力点，在"立德树人"方面发挥着独特的、不可替代的作用。其中，艺术是美育最集中、最典型的形态。

我国社会主义学校的美育是为建设社会主义精神文明和培养学生心灵美、行为美服务的。美育可以促进学生的德、智、体的发展。它可以提高学生思想，发展学生道德情操；它可以

习近平给中央美术学院老教授的回信

周令钊、戴泽、伍必端、詹建俊、闻立鹏、靳尚谊、邵大箴、薛永年同志：

你们好！来信收悉。长期以来，你们辛勤耕耘，致力教书育人，专心艺术创作，为党和人民作出了重要贡献。耄耋之年，你们初心不改，依然心系祖国接班人培养，特别是周令钊等同志年近百岁仍然对美育工作、美术事业发展不懈追求，殷殷之情令我十分感动。我谨向你们表示诚挚的问候。

美术教育是美育的重要组成部分，对塑造美好心灵具有重要作用。你们提出加强美育工作，很有必要。做好美育工作，要坚持立德树人，扎根时代生活，遵循美育特点，弘扬中华美育精神，让祖国青年一代身心都健康成长。

值此中央美术学院百年校庆之际，希望学院坚持正确办学方向，落实党的教育方针，发扬爱国为民、崇德尚艺的优良传统，以大爱之心育莘莘学子，以大美之艺绘传世之作，努力把学院办成培养社会主义建设者和接班人的摇篮。

习近平

2018 年 8 月 30 日

丰富学生知识，发展学生智力；它可以促进学生的身心健康，提高体育运动的质量；它可以鼓舞学生热爱劳动，并进行创造性的劳动。

这种词条式的"解读"，自然很难把"美育"说清楚。我认为，想把"美育"说清楚，先要把那个"美"字说清楚。而"美"字，又因为涉及面太广泛了，与许多学科联系紧密，也是很难说清楚的。

看来，我为自己找了一件几乎完不成或者说根本不可能完成好的事情来做。不过转念一想，有些事情，总要有人去做，不管做的结果如何，先做了再说吧。这才符合我们中国人强调的"只管耕耘，不问收获"的做人、做事信条。

"美感"三说

说"美育"，一开始就得把"美感"和"审美"说清楚。

我的学习体会是，解读"美"，须有两个关键词支撑：第一个是"美感"，第二个是"审美"。

如果把这两个词弄明白了，很多有关"美"的问题就会迎刃而解。我们便可以站在美的底层逻辑上，将"美育"拓展为"美感教育"+"审美教育"。这样的话，"美育"便不再抽象。

当然，"美感"与"审美"，也不是那么容易说清楚的。

这两个概念是"美学"的重要组成部分，也是心理学的重要组成部分。

我们先聊"美感"。

一、"美感"是什么？

美感是什么？简单通俗地说，美感就是人类在欣赏美时所引起的特殊的心理活动。

这种特殊心理活动，有学者将其归纳为"美感经验"。

我们还是以中国传统的"山水观"为例，来解读一下什么叫"美感经验"。

比如，我们登庐山，映入眼帘的，是满山满岭的苍松翠柏，是当季的花花草草，是山顶上那几片大湖的粼粼波光。如果有缘遇见，各种各样的云的姿态更是令人目不暇接。这时，心里会油然升起轻松愉悦之感，与平日里不一样的满足感和愉悦感也像白云般飘然而至。

当然，古人登庐山与现代人登庐山，得到的美感体验肯定不一样了。这可能是很多人没有意识到的。

到了山顶上的牯岭镇，一栋栋西式别墅散落在山岭之间。红色的房顶，巧妙的设计，历史的风烟，一齐在你眼前呈现，你沉浸在一幅幅秀丽的山水画中。

如果能在庐山牯岭住较长时间，当一个山里的居民，采茶、做茶，买菜、种菜，与山为伴，与云为伍，远离尘嚣，看书访友，乃至探访考证前人的生活状态，那种美感体验又完全不一样。

车尔尼雪夫斯基说：

"对于人什么最可爱？生活。因为我们的所有欢乐，我们的所有幸福，我们的所有希望，都只跟生活相联系。"（《车尔尼雪夫斯基论文学》，上海译文出版社，1979年版）

车尔尼雪夫斯基肯定了美感的来源，认为美感来源于人对客观对象的美的感觉。

二、再说"美感"？

说了半天，似乎还没有说清楚，比如，美感到底是什么？审美活动究竟是如何产生的？

有多种说法。比如"美感是对客观美的能动反映"；比如，"美感是人们审美需要是否得到满足时而产生的主观体验，是对事物美的体验"；再比如"人的美感不是人的自然的禀赋，而是在人的自然的禀赋的基础上经由社会历史实践的产物"；等等。

理论上的东西，越讲会让人越糊涂，还是举例子说明更明确。

美感从哪里来，从人的感觉系统来。上苍赋予了我们五大感觉：视觉、听觉、触觉、嗅觉和味觉。

这五大感觉系统有着比较明确的分工，触觉、嗅觉和味觉分管人的吃喝拉撒等日常，偶尔也涉及审美；而视觉、听觉则主要分管审美，当然偶尔也会参与日常生活。

《潇湘图》　五代　董源

美，作为客观存在，多以可感的形式呈现出来。人通过自己的感觉系统去感知美。因此，我们要去认识美，反映美，创造美。离开对美的对象的感觉，审美活动是无法进行的。

车尔尼雪夫斯基在他的《生活与美学》一书中说：

"美感是和听觉、视觉不可分离地结合在一起的，离开听觉、视觉，是不能设想的。"

根据感觉功能的分工，人们把诉诸视觉的各种艺术创造，划到了"美术"这个"篓子"里，而把诉诸听觉的各种艺术创造，划到了"音乐"这个"篓子"里。

到了黑格尔，这位大哲学家更是对人的感觉系统作出了明确的分工。他认为，只有"视觉"与"听觉"是"认识性的感觉"，只有"认识性的感觉"才与艺术和审美有关。

三、三说"美感"

西方的另一个大哲学家康德，在他的著作《判断力批判》一书里，比较详细地论述了有关"美感"的问题。

当然，康德的这本书，注意力集中在从很多方面去论证"判断力"，涉及"美感"的部分，也是因为论证"判断力"的需要。

康德从"审美判断力"入手，辩证论述了审美判断。有意无意间将"美感"带进了他的哲学世界。

康德认为，鉴赏，是判断美的一种能力。判断一个对象是美或是不美，不是看它能不能给予我们知识，而是看它能不能给予我们愉快。

换句话说，康德断言，鉴赏判断不是知识判断，而美要靠美感来进行判断。

康德还近乎武断地说，美感，是一种愉快感。

有人认为康德说得很到位，跟在后面说：我们可以用美感经验来加以证明。

比如，我们的感觉系统一旦感知到了美的人或事物，心情总是愉悦的。早上起来，看到灿烂的朝霞，听到鸟儿的鸣叫，我们的心情会好起来；在公园里散步，遇到了美好的事情，我们也会心情大好。

杜甫《春望》诗里说的"感时花溅泪，恨别鸟惊心"也是人与物的交感。

但细细回味，这种论断，是不是还是把"美感是什么"的问题复杂化了？

不是把"真、善、美"又放在一口锅里煮起来了吗？

绕来绕去，又得回到学科本身来。

首先，美感和美的关系如何处置？

是先有美的存在，后有美感呢？还是先有美感，再有美的存在？

承认美是客观存在，美感是一种社会意识，就站在了辩证唯物主义的思想立场上；而认为美是人的主观意识、情感活动的产物，便站到了唯心主义立场上去了。

马克思曾经说过，观念的东西都不外是移入人的头脑并在人的头脑中改造过的物质的东西而已。

据此，学者们一般认为，美感作为对于客观存在的美的主观反映形式，作为一种特殊的心理活动，它的根源只能是美的客观存在。

换句话说，辩证唯物主义的反映论认为：先有美，再有美感。

没有客观存在的美的现实作用于人的意识，美感不会产生。

所以才有那句定义：

美感是对客观美的能动反映。

我个人认为，中国美学家里，还是李泽厚先生对"美感"解读得比较透彻。

他在《美学四讲》里面，抽丝剥茧地梳理了对"美感"的认知。他说：

"很多西方美学家把美看作就是审美对象，而审美对象是审美态度（心理）加在物质对象上的结果，因此美是美感所创造出来的，从而美感和美也就是一个东西。"

"这样解释美的本质、根源是不对的，但解释美感现象却有一定的道理，丑的东西因为有审美态度

（心理）的中介，也可以成为审美对象。"

20世纪80年代，李泽厚先生主编了一套《美学译文丛书》，介绍了很多国外学者写的美学书籍到国内来，如《美感》（【美】乔治·桑塔耶纳著），《艺术问题》（【美】苏珊·朗格著），《审美特性》（【匈】乔治·卢卡奇著），《美学与哲学》（【法】米盖尔·杜夫海纳著），《美学与艺术理论》（【德】玛克斯·德索著），《论艺术的精神》（【俄】瓦西里·康定斯基著）等，均由中国社会科学出版社出版。

这套书，为我们这代人打开了文化艺术的又一扇大门，通过这套书，我们才知道，人类对于"美"的真谛的探寻脚步。

1931年，德国哲学界在柏林举办了第一届世界美学大会。

1980年6月，中国社科院在昆明举办了第一次全国美学会议。美学学派意识自此开始形成，《美学译文丛书》于当年年底陆续出版。

通过一系列探讨，我们知道了美感是一种社会意识，是人类对于客观的美的能动反映。

然而，这种认识是不够的，甚至可以说是远远不够的。

因为，美感是一种非常特殊的意识活动。正是这种特殊，我们还需要使它既区别于科学的认识活动，又区别于道德的意识活动。

回到将"真、善、美"区别对待的话题就有必要了。

我的理解，"真、善、美"可以组成一个新概念，但每一个单独的字（词），又必须单独成立。比如"真"，应该对应"科学的认识活动"；而"善"，应该对应"道德的意识活动"。

把上述两种意识活动与"美感"分别开来，是美学的创新和文明的进步。

"美"（或美感），从"真、善、美"的捆绑状态进入自由状态。

那么，研究分析美和美感自身的性质与特点，就成了一个重要的课题。

"现场感"与"美感"

在美感意识中，感性认识是基础，感性认识和理性认识相辅相成。

也有人认为，"美感"更多地来自"现场感"。我觉得有一定道理。

所谓"现场感"，就是我们在做任何事情时，都要用"心"。也就是说，做什么事，心都要归到本位。心归位了，人才到场了。

"用心"，似乎是一句老话，许多人对此已经麻木了。做事不用心，反而成了一些人的行为习惯。

这样的习惯真会害死人。

不专心，最容易发生的事就是"走神"，一"走神"，便极容易发生差错或者事故……

"走神"的极端，我们叫作"神不守舍"，就是说那颗心不在自己住的房子里面了。心常常出走的结果，不言而喻，最恐怖的结果是"魂飞魄散"。

我的一个中医朋友认为，心理学说的"神不守舍"在中医学看来，就是"阴阳失调"。维护人的身心健康，首先要注意到身心匹配。身到，心也要到。只有身心匹配得好的人，阴阳才会协调，才不会发生生理和心理上的"短路"和"故障"。

焦虑症和抑郁症是当下的常见病了，许多患者并不知道，患病的根源竟然在于平常根本就不会注意的"走神"。

当然，偶尔走神人人都会，但经常走神就值得我们警惕了，千万不要到了"神不守舍"的地步才加以重视。

《滕王阁图》 元代 夏永

美感的三种"统一"

一般认为，谈美感的性质，有三种"统一"要涉及：一是感性和理性的统一；二是认识和情感的统一；三是愉悦性和功利性的统一。在这里分别稍稍阐述一下。

一、感性和理性的统一

有学者认为，在美感的意识活动中，感性认识的作用明显。

因为，人类对于美的认识，不仅必须以感性认识为起点，而且始终离不开对具体形象的感受。

这样看来，美感反映对象的美，就一定与具体形象同行。也就是说，美所包含的理性内容，是以具体可感的形象的形式呈现出来的。

比如，我们现在所使用的"江南"、"梅花"、"雨巷"等词，已经不是单纯的地域、花卉和地点单元了。人们通过读文学作品、看画、旅游、听音乐等体验，已经于潜移默化中完成了美感的升华。

如果我们明白这一点，我们也就明白了什么是美感中感性与理性的统一。

车尔尼雪夫斯基在他的《生活与美学》一书中说：

"'美'是在个别的、活生生的事物，而不在抽象的思想。"

这话是说，对美感的认识，不能像科学认识那样，从抽象的概念上去认识和反映对象的美，而必须始终保持感性印象，从具体形象上去把握对象的美。

二、认识和情感的统一

从心理学角度观察，美感意识比科学认识更加复杂，其中的硬核地带是因为美感意识里面加入了情感因素。

美感以美的认识为基础，并在此基础上扩大为认识美的客观内容，最后表现为美的感动。

这就是说，从美感产生的心理过程看，其特点之一在于"认识和情感的统一"。

一些美学家对此进行了充分肯定。比如，英国的柏克就认为，美感是由物体的美所引起的爱或类似爱的情感。"爱"指的是在观照任何一个美的东西的时候心灵上所产生的满足感。车尔尼雪夫斯基也说："美的事物在人心中所唤起的感觉，是类似我们当着亲爱的人面前时洋溢于我们心中的那种愉悦。"

可见，情感的感动和愉悦，是美感中必不可少的一种心理活动，也是美感意识活动的突出特点。

如果我们从这里再与艺术创作相联系，似乎可以得出一种结论，那就是：

在艺术创作中，作家、艺术家对他所描写的社会生活感受得越是具体，理解得越是深入，那么，他作品中的情感反应就越是强烈而深刻。

如南宋诗人陆游的那首《示儿》，认识是"死去元知万事空，但悲不见九州同"。情感分两层：一是类似于"遗嘱"，告诉孩子们要为自己死后办的大事；二是告之于天下，他告别这个世界的最大愿望是"王师北定中原日，家祭无忘告乃翁"。

一份遗嘱以诗的形式写出，世所罕见，读后令人动容。

这是典型的认识和情感的统一。

三、愉悦性和功利性的统一

这个问题又相对复杂一些，要稍做展开。

通常来说，我们看待世界的方式有两种眼光：审美的眼光和功利的眼光。

这两种眼光似乎是相悖的，其实不然。美学家认真辨析，慢慢地发现了，原来它们也是会相融的，有时候还会亲密无间。

我们分开来聊聊。

美感，表现在精神层面有一个突出的特征，就是让人体验到喜悦和愉快，让人得到精神享受。这和艺术的愉悦感和娱乐性是相通的，以至于我们常常混淆。

在俄国的普列汉诺夫这里，事情得到了逆转。他认为，在文明人那里，美的感觉是与许多复杂的观念联系着的。他进一步论证，"这种联系"，"正是社会原因制约着"。

普列汉诺夫在他的那本《没有地址的信·艺术与社会生活》一书中，比较详细地阐述了他对"愉悦性与功利性统一"的认知。他说：

"为什么一定社会的人正好有着这些而非其他的趣味，为什么他正好喜欢这些而非其他的对象，这就取决于周围的条件。"

"这些条件说明了一定的社会的人（即一定的社会、一定的民族、一定的阶级）正是有着这些而非其他的审美的趣味和概念。"

一个人对什么对象会产生审美愉悦？

为什么会产生这种愉悦？表面上看来，好像没有什么自觉的功利考虑，实际上却不自觉地受到他所处的时代、民族和阶级的社会生活条件的决定和制约。也就是说，这是生活条件的客观必然的产物。

以我们的社交择友为例：结交一位书法家，潜意识里可能有为了帮助自己提高书法技能的需要；对劣迹斑斑的人敬而远之是为了怕对方连累自己，怕别人的负能量吸走了自己的正能量。

在美感愉悦中，免不了潜伏着这样或那样的"功利内容"。法国的大思想家狄德罗甚至说：

《虹门》 摄影 张项理

"真、善、美是些十分相近的品质。在前面的两种品质之上加以一些难得而出色的情状，真就显得美，善也显得美。"

这从另一个角度，阐明了美感的特点之一，在于愉悦性和功利性的统一。

日常生活里，带着功利目的的事比比皆是，事情办好了、办成了，肯定心情愉悦。

关键在于把它们放在"美感"这个篮子里，我们又应该如何看待呢?

中国儒家是讲"义利"区别的，就我个人的理解而言，"美"，应该属于"义"的范畴，而"功利"，当然只能划到"利"的那一边去。因此，很难想清楚"愉悦性"和"功利性"如何去"统一"。

尽管功名利禄有利于我们生存，但是它们不仅没能使我们常

常快乐，反而在很多时候成为我们痛苦的根源。为了得到声望和财富，人就必须付出代价，想得到的好处越多，付出的代价就越是呈指数增长。欲望的满足只能产生暂时的愉悦感，但是过不了多久它就会卷土重来，并重新成为那个"哭闹的婴儿"。

因此，我们可以得出结论：功利的眼光不能为我们带来永恒的快乐，我们必须学会用审美的眼光去追求愉悦感。确切地说，我们在惯性思维的作用下会将艺术跟美、科学跟真、道德跟善联系在一起。当我们采用功利的思维方式时，很难摆脱主客体的二元分裂：我们将自己看成是主体、将所有我们面对的事物看作客体，为了得到声望、财富和更多好处，我们不得不去争取认识、掌握大千世界万事万物的规律——自然律、人类社会的规律和历史发展的规律，而后让万事万物为我们所用。因为大千世界太复杂了，而我们的智慧太有限了，以至于往往不能掌握那个根本规律。在很多情况下，主体不仅不能让客体扮演一个乖孩子的角色，反而常常受制于它们，而这种思维方式的结果往往就会产生焦虑。

还好，普列汉诺夫以来，学术界普遍承认了"审美愉悦感"里面有"功利"的成分。我们终于可以从"义利之辩"的纠结中得以解脱。

于是，审美对象更加多元了。

必须要强调的是：审美愉悦性与功利性在美感这个框子里有可以统一的一面，但从根本属性上看，它们之间的矛盾关系依然存在。

比如，我们在许多方面，因为没有完全厘清这种既对立又统一的关系，在做决策时往往会陷进"瞻前不能顾后"，或"顾后又不及瞻前"的模式。

以教育为例——

教育的根本目的，是促进人的全面自由发展。但我们的教育宗旨，总是定位在"学了以后有什么用"的位置上。

这样做的结果，与"全面自由发展"南辕北辙。

所谓"全面"和"自由"，落实到具体教育上，正确的理解应该是"既学有用的东西"，又要学"看起来没用的东西"。

所谓"有用"，一般会落实在"工具"的基石上。这样培养出来的人才，除了自己的专业以外，基本上什么都不懂，真正把自己弄成了一个"工具"，而不是"掌握工具的那个人"。

由是，我理解的"全面自由发展"，首先是要学会怎样做好一个人。

想想也是，做人才是教育、被教育的"底层逻辑"，如果连人都不知道怎么做，谈何"人才"呢?

当下许多人已经达成共识，认为教育的最高境界，不是灌输知识，也不是传授方法，而是启迪智慧。

而美学在相当程度上的意义，就在于可以启迪智慧。因为美学的本质，属于哲学，而哲学的本义，就是"爱智慧"。

"不求甚解"读书：
《判断力批判》

在世界美学之林中，康德是一棵参天大树。

1790年，他的《判断力批判》一书出版，标志着美学迈上了一个崭新的台阶。

德国的语言学家施勒格尔认为，《判断力批判》有三大贡献：

一是确立了审美领域的自律性；

二是把审美愉悦规定为"无利害的愉悦"，明确了一种相对单纯的经验模式；

三是看到了审美判断的不可取代性，特别是与科学判断和道德判断对立时。

另一个德国哲学家费希特则从另一角度力挺康德。他认为：

"把握经验性的自然知识不是人的使命，人的使命只是超越时间与空间，超越一切感性事物。"(【德】费希特《人的使命》)

浪漫主义美学在德国走到了席勒与歌德的时代。

席勒与歌德，有如我们唐代诗歌里面的李白与杜甫，各有各的光芒。但歌德还是善意地调侃席勒，说他总是在"诗与哲学"之间自找苦吃。

依我看，席勒更像杜甫。他是一个深感感性与理性、现实与理想、诗意与庸俗尖锐对立的诗人。面对一系列悖论，席勒忧心忡忡，殚精竭虑，终于用书信的方式，完成了那本可以与《判断力批判》并肩的著作——《美育书简》。

席勒提出，只有美的途径才能达到自由，恢复人性的和谐，而这，正是诗的使命。

也许，世界诗歌史应该更注意歌德而不是席勒；但世界美学史应该更注意席勒而不是歌德。

而我，自20世纪80年代就关注了这两个高峰式的人物，关注歌德，是因为他的《少年维特之烦恼》；关注席勒，是因为上文提到的那本《美育书简》。

这两本书搭成的一个小小台阶，让我可以踮脚看见，深深庭院中，还有一株叫作《判断力批判》的树。

说实话，康德的《判断力批判》很难啃，我们稍不注意，就会陷入"注意力悖论"的阅读深井。

有研究表明，阅读是牵涉人的各种感觉功能的活动，运动经验和文本内容的认知处理过程之间，有着极重要的联系。

而目前网络上的碎片化阅读模式，不支持我们去阅读《判断力批判》这样关乎人的思维与心智、要求注意力相对集中的作品。

《判断力批判》分为两部分，前半部分讲美学，后半部分讲目的论，专门研究情感（快感或不快感）的功能，寻求人心在什么条件之下才能感觉事物美（美学）和完善（目的论）。

在《判断力批判》的这本书中，自然少不了对"艺术"的评判，因为"艺术"又是"美学"的内核。

但一般认为，康德的艺术鉴赏力是比较缺乏的，有如下原因：

一、他一生都在自己出生的柯尼斯堡小镇里生活，远离德国的文化中心，缺乏艺术观赏和交流的条件；

二、有人分析，康德在书中举例引用的，多是当时二三流的艺术作品，这证明康德没有见到

或很少见到一流作品；

三、在《判断力批判》一书中，有不少前后矛盾的地方，比如他在前面把美仅限定在形式中，在后面又修正了这个说法等。

我的看法是，上述种种说法于康德对美学做出的贡献而言，毕竟是"白玉微瑕"，专攻哲学而没有多少艺术细胞的康德，竟然写出了美学史上的不朽经典，这本身就是一件令人惊喜、值得赞叹的事情。

我们知道，康德一共写了三本"批判"。除《判断力批判》外，还有《纯粹理性批判》和《实践理性批判》。《纯粹理性批判》涉及知性和自然界的必然，主要关注人的认识能力；《实践理性批判》则涉及精神领域的自由，主要关注人的道德修养方面。

当我们将康德的三本"批判"放在一起观看时，便会发现，每一本都自主形成了一个独立封闭的系统。所以，阅读时最好使用"串联"阅读法，否则，三者之间就会留下一条条鸿沟，让人产生自然界的变化秩序和精神界的道德秩序仿佛彼此不搭界的阅读错觉。

人，难道有了认识就可以不讲道德吗？或有了道德也可以不顾认识吗？这样下去，不讲道德的人不就成了动物吗？康德显然也发现了这一问题，因此他认为，必须在理论上找到沟通二者的桥梁。经过长期的摸索，他终于发现了人的第三种先天认识能力——情感能力。这一发现促使他写出了《判断力批判》。

由是，"情感能力"这一潜能，被哲学家康德挖了出来。

《橄榄树》 ［荷］文森特·凡·高 1889

"情感能力"释疑

根据《判断力批判》的表述，我们可以认为："情感能力"一词浮出水面，是《判断力批判》一书里面的"硬核"。

我个人以为，静下来认真阅读一些类似于《判断力批判》这样的书，哪怕是"不求甚解"，也能够部分治愈我们身上的浅薄与浮躁。

起码我们知道了，一个不是专攻"艺术"的人，同样也可以写出关于"美学"的皇皇巨著。

我们还知道了，哲学的光芒，真的会照亮我们的全部生活。

其实，《判断力批判》全书论美学的只是第一部分，即"审美判断力的批判"。康德在这里讨论了天才、艺术和审美意象等问题，还讨论了审美趣味既不根据概念，又要根据概念的矛盾或"二律背反"的问题。总之，"美学"在全书中，只起到了辅助或是"旁攻"的作用。

在书中，康德既反对德国理性主义美学观点，也反对英国经验主义美学观点。他要求将两者调和起来，并认为美在于形式，美排斥一切实际利益或目的；强调美是杂多的统一，是和谐的表现，是"道德的象征"。

《判断力批判》分为"审美判断力的批判"与"目的论判断力的批判"两个部分。

第一部分重点分析美和崇高两个范畴。在"美的分析"中，从质（肯定、否定等）、量（普通、个别等）、关系（因果、目的等）和方式（必然、偶然等）四个方面对审美判断作了严格的界定和概括：

从质上讲，"那规定鉴赏判断的快感是没有任何利害关系的"；

从量上讲，"美是那不凭借概念而普遍令人愉快的"；

从关系上讲，"美，它的判定只以单纯形式的合目的性，即无目的的合目的性为根据的"，这也就是美的没有明确目的却又符合目的性的矛盾或二律背反；

从方式上讲："美是不依赖概念而被当作一种必然的愉快的对象"，这种必然是建立在人都有"共同感受力"这个前提下的。

书中还提出"纯粹美"和"依存美"的区别，认为"纯粹美"是自由的美，只在于形式，排斥一切利害关系，但不是理想美；"理想美"是"审美的快感与理智的快感二者结合"的一种美，即"依存美"。

在"崇高的分析"中，康德把崇高与美作为两个对立的审美范畴，提出数学的崇高与力学的崇高的概念。康德提出了"美是道德的象征"的重要命题。

第二部分则从审美判断力的"主观合目的性"转向对自然

界有机体组织的"客观合目的性"的探讨，辩证地表述了康德自己的自然观。书中亦论及艺术与天才等问题，阐述了艺术与自然、艺术与科学工艺品、艺术与手工艺品的区别，认为美的艺术是天才的艺术。

天才的特征有四：天才不循规蹈矩，具有独创精神；天才不是靠人传授的，只能从天才的作品中窥见法则；天才仅限于艺术领域，不赋予科学；天才的作品皆具有典范性，可作为他人模仿的范本。

《判断力批判》出版后受到整个欧洲哲学界、美学界的重视，对费希特、席勒、谢林、叔本华等人都产生过深刻影响，成为德国古典美学的奠基著作。

说实话，20世纪80年代末我就有了这本书，但也只是偶尔翻翻，如同雾里看花，只能"不求甚解"。纵使"不求甚解"的常态，那也是退休之后，因没有其他爱好，仅供消遣而已。

康德在《判断力批判》一书中，为我们贡献了"情感能力"这个概念。

那么，什么又是"情感能力"呢？

"情感能力"是一种建立在情商之上的、可后天习得的能力。

我们知道，人的智商+情商=（聪明）智慧。

由是，"情感能力"，是情商里面非常重要的一环。

具体来说，"情感能力"又包括以下五种因素，分别是：自我意识、激励（包括自我激励）、自我调节、同理心和处理人际关系。这五个因素是学习使用情感能力的基础，而情感能力又决定我们学习到实用技能的潜力有多大。

许多人在这五个方面的平衡方面做得不够好，就往往给人"性格偏颇"的印象。

自我意识模糊的人，常常不知道自己的"社会角色"定位，搞出些事情叫人"啼笑皆非"。

激励和自我激励，是双向的。有的人只顾"自我激励"，不会去"激励"别人，只会给他人留下"自恋"的感觉。

自我调节也很重要，不调节或疏于调节，很容易"忧郁"。

同理心是比同情心更高一筹的心理素质，我专门分析过，这里不赘述。

情感能力会显示出我们把自身潜能发挥出来的程度。比如，"擅长服务客户"的基础就主要依靠同理心。同样，"诚实可靠"的基础就是自我调节，"控制冲动"和"管理情绪"也是基于自我调节。而"擅长服务客户"和"诚实可靠"这两种能力都能让人在工作中表现出色。

关注情感能力，人生受益多多。

情感能力可分成几类，每一类都建立在一种常见的潜在情商之上。如果一个人想要学会在各种场所所需的必备能力，那么潜在的情商就显得至关重要。

例如，如果一个人欠缺社交能力，他在说服或激励他人方面就会很吃力，在领导别人工作时会显得力不从心，办事也不知道灵活变通。如果一个人缺乏自我意识，就会对自己的弱点视而不见，也会因为不了解自己的长处而缺乏自信。

一个人的生理缺陷一眼就能看出来，但心理缺陷却不是用眼睛就能看清楚的。由是，学点美学、心理学的知识，很有用。

《山水武宁》 摄影 张项理

　　人无完人，各有优势也各有局限，但是，我们会看到，促成卓越工作和事件表现的要素并不多，只需要我们在某些能力方面足够强大。

　　在跟周围的人群打交道时，即是我们展现情感能力的时候。人与人之间最需要的是一种同理心。所谓同理心就是站在对方的角度去考虑问题，以增进彼此的沟通与理解。

　　用学术语言来说，也就是要用你的目光、你的情感、你的智慧、你的能力去发现对方的情感需求，给予相应反馈。实际上，你跟对方就形成了一个对接，形成了同理心。这就是情感能力的体现。

　　当我们在和他人相处的时候，还要能够正确理解并把握自己的情绪变化。能找出造成这种情绪变化的原因自然更好，这样不仅会增强对自己认知的深度，同时能够增强自己的情感应变能力。

　　我认为，"情感能力"中所谓的种种努力，归根结底，就是对"爱"的守护。

美的启蒙从"讲卫生"开始

美，在当代，越来越显得格外重要了。看房子，要把装修、设计和环境美化的因素考虑进去；买车子，流线型和设计感也是选择标准。年轻人找对象，"颜值"应该是重要指标之一。

因此，有些人就提出，扫除文盲之后，要紧接着扫除美盲；中央美术学院的数名教授，直接向中央建言，要求在全社会普及美育。

美感是人类天性的一部分。这话自然是当代人说的，不这样说，就很麻烦：

人究竟是从什么时候开始爱美的呢？

说不清，也道不明。

我们眼下的社会，热衷于追求"美"、讲究"美"的人固然不少，但沉下心来研究、琢磨"美"的人的确又是"凤毛麟角"。

中国台湾有个汉宝德先生，长期研究"美与美育"，他有一个观点：美的启蒙是从"清洁"开始。

这就将人类的"讲清洁"、"讲卫生"与"爱美之心"

《武宁暮色》 摄影 周兰

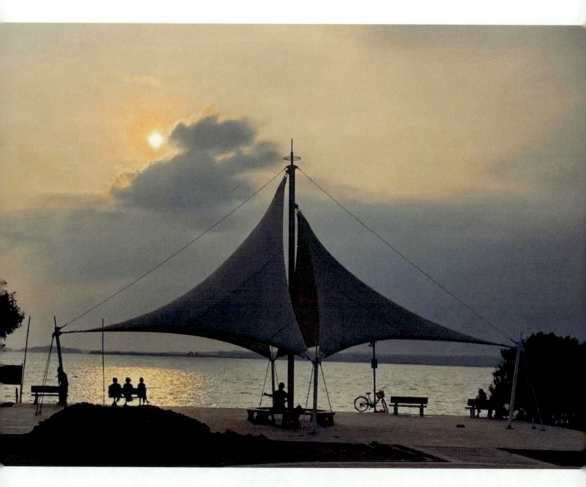

置于同一频道里面去了。

这一说法是有一定道理的。

我们的生活离不开清洁，因为清洁本身，就是一种美。

美的启蒙，从"讲卫生"开始，窃以为有以下几点主要理由：

一是"讲卫生"的同义词是"整洁"，而"整洁"的对立面即是"脏乱"。讲卫生，意味着远离了脏乱，这就具备了"审美"的基本条件。用形式逻辑来分析，也就是具备了必要条件。

二是"讲卫生"还包括了"秩序"。而乱，则无任何秩序可言。我们平时说"乱世"、"乱象"，就是秩序被彻底破坏的结果。

站在这一角度，理解孔老夫子嗟叹"礼崩乐坏"，便觉得更有现场感。

"美"里面的重要元素，比如节奏、比如旋律、比如色彩，都是从"秩序"里面生长出来的。

三是"清洁"与"讲卫生"，最接近中国佛道所提出的"空无"，即使从哲学层面看，也是美的开端。

"极简主义"是 20 世纪 60 年代出现在艺术和建筑领域的，目的就是要回到本源，以明心见性。道家讲究"空无"的境界，正因为无心，真性才会显现。

《道德经》中讲道：五色令人目盲，五音令人耳聋，五味令人口爽。意思是：缤纷的色彩，使人眼花缭乱；嘈杂的音调，使人听觉失灵；丰盛的食物，使人舌不知味。写到这里，再细细回味，别有一番滋味。

不记得是谁说的，生活中，一半是美，一半是发现美。

我们知道，"清洁"与"讲卫生"，都是需要一定条件的，但最根本的因素，应该还是个人意志与生活习惯。

比如，过去我们家里很穷，身无长物，家中没有多余的装饰物，也没有地板可供拖洗。纵使这样，很多人家还是能够做到"窗明几净"。

通过"窗明几净"的长期培养，孩子们通过明亮的窗户与外界沟通，看星星月亮，听风声雨声，观日出日落，尽享大自然之美。

久而久之，一旦换了一个"窗不明几不净"的环境，你绝对找不到欣赏美的感觉。

我隐隐感觉到，"耕读传家"的家庭里，一般都做到了"窗明几净"。

——特别是以"读"为主的家庭。

汉宝德先生举了两个国家的人"讲卫生"的例子，一说日本人，一说荷兰人。说这两个国家的人，在选择西方文明之后能够迅速地实现工业化，正是他们"以清洁为基础的美感所促成的"。

汉先生还深挖了"清洁"（讲卫生）的深层逻辑，他说：

"清洁为整齐之本源，整齐为秩序的动力，秩序为求和谐，也就是美感的基本要件。"

在此基础上，我们再次强调，美感也是一种竞争力时，便不是一句简单的"形而上"了。

"美"的启蒙，确乎应该从"讲卫生"开始。

从"可以居"看"可以文化"

庐山的朋友在牯岭的如琴湖畔开了一个民宿，命名为"可以居"，这就与另外一个朋友若干年前就建了的"可以亭"（五老峰麓）、"可以斋"（九江市濂溪区莲花镇）配上了套。且这两个朋友又"同气相求"，是"文化江湖"上的"师徒关系"。故我考虑，以"可以居"作为圆点，似可称之为"可以文化"，左手向源，右手向流。

一、"可以"为何？

首先，我们来看看"可以"这个词的"词性"。

作动词时：

1. 表示"可能"或"能够"，比如，大厅～容纳200人；

2. 表示"许可"，比如，你～走了。

3. 表示"值得"，比如，那篇文章写得不错，很～读一读。

作形容词时：

1. 表示"好"、"不坏"、"过得去"，比如，工作还～；

2. 表示"厉害"，比如，你这张嘴真～。

再经过一番梳理，我认为"可以文化"应该有以下四种学理通道：

一是与中国儒家的"中庸"模式相联结；

二是与当代社会科学界都在热切关注的"文化研究"相联结；

三是与世界上方兴未艾的"第三空间"理论相联结；

四是与美学、社会学相联结。

二、"可以"与"中庸"

表面看，"可以"与"中庸"，这两个词似乎沾不上边，但仔细琢磨，还是能够得出与这不一样的结论。

首先，《中庸》是中国古代论述人生修养境界的一部专著，是儒家经典之一，原属《礼记》第三十一篇，相传为战国时期子思所作。其内容肯定"中庸"是道德行为的最高标准，认为"至诚"则达到人生的最高境界，并提出"博学之，审问之，慎思之，明辨之，笃行之"的学习过程和认识方法。

子思，了不得，不愧是孔子的孙子，孟子的老师。

"可以居"，不单单有"食宿"功能，还辟有思想交流的专门场地，有利于博学、审问、慎思、明辨和笃行，或许会成为又一个"禅修"的场景。住民宿，溢出的效益是"禅修"和"心理疏导"，何乐不为？如果我们将"可以"代入——

"可以吗？可以，当然可以。"

其次，《中庸》与《大学》《论语》《孟子》合称为"四书"。宋元以后，"四书"成为学校指定的教科书和科举考试的必读书，这对中国古代教育和社会产生了极大的影响。其主要注本有程颢《中庸义》、程颐《中庸解义》、朱熹《中庸章句》、李塨《中庸传注》、戴震《中庸补注》、康有为《中庸注》、马其昶《中庸谊诂》和胡怀琛《中庸浅说》等。

时间一长，"可以居"里录下一本《中庸实证》的书，也未可知。

如果我们还将"可以"代入——

"可以吗？可以，当然可以。"（请注意，前一个代入的"可以"用了逗号，后一个代入的"可以"则用了句号。）

四书，说到底是教人怎么样去做人。"可以文化"，也是在教人如何做人。如果我们对人对事，修养到了多数情况下都说"可以可以"，难道不是在弘扬"中庸之道"吗？

我们在"可以居"里，用心去琢磨"可以"这个词性，到时候用起来得心应手，想必在漫漫人生路上能够少一些险阻，多一些坦途。

三、"可以文化"如何与"文化研究"联结

一般认为，"文化研究"这一现象起源于20世纪50年代晚期，以理查德·霍加特的《识字的用途》、雷蒙·威廉斯的《文化与社会》《漫长的革命》等书为主要标志。到了1964年，英国伯明翰当代文化研究中心成立，被认为是最早的文化研究机构。

到了本·卡林顿的《解构中心：英国文化研究及其遗产》一书出版，人们才发现，原来"文化研究"不是起源于"文本"，而是起源于"教育"。

本·卡林顿说，"文化研究"首先指的是成年工人教育。"从独立的工人教育运动的余烬中出现了文化研究的凤凰。"

可见，教育，是人类文明进阶不可或缺的重要组成部分。"工业革命"之后，对"成年工人"的教育便成了刚需。犹如我们眼下，进入了"信息社会"，几乎每个人都拿着手机在"打发时光"，那么，有关互联网、有关信息传播、有关传统文化如何现代化，也必然成为文化空间进行"科普"的刚需。

"可以居"的营建者，不但为"世界文化景观"或"人文圣山"注入了"生活悠然"的"后现代文化含义"，而且还从某个角度，重新擦亮了这个金字招牌。

作一个大胆的设想，如果试图将"生活美学"绑定在我们的"肌体"里，而不仅仅停留在"精神"里，那不就是"可以文化"的价值追求吗？

"可以"吗？可以。

当然可以。

四、"可以居"之于"第三空间"

20世纪60年代出生的人，基本上与"后现代"这个概念同步。

后现代主义的理论家认为，从20世纪60年代开始，随着科学技术的革命和资本主义的高度发展，西方社会进入一种"后工业社会"，也被称作信息社会、高技术社会、媒体社会、消费社会、最高度发达社会，在文化形态上称为"后现代社会"或"后现代时代"。

到了"后现代时代"，人们不满足于仅仅生活在"第一空间"或"第二空间"了，于是"第三空间"的概念提了出来。

"后现代主义"的学者认为，日常生活主要分布于三个生活空间，即第一空间（居住空间）、第二空间（工作空间）、第三空间（购物休闲场所）。要提高人的生活质量必须从三个生活空间同时去考虑。而生活质量的提高又往往表现为第一、第二生活空间的逗留时间减少，第三生活空间的活动时间增加。因此，必须把提高第三生活空间的质量作为提高人们生活质量的关键点。

现代商业业态的战略规划性恰恰表现在如何精心定位规划和营造好第三生活空间。

"可以居"，是一个非常典型的"第三空间"。

五、"可以"购物，"可以"休闲

购物方面。据悉，"可以居"将有系列原产地产品出售，一是庐山云雾茶，他们中间有一批茶叶加工制作高手，多年来坚持不懈，试制成功了多款云雾新茶，如红茶、白茶、黑茶等，口碑不错。现在，其又研制出了"冬茶"（正在等待有关科研单位检验）。要知道，原来世界上只有春、夏、秋茶的，冬茶的问世，绝对是制茶界的重大突破。

二是各种庐山作为原产地的中草药制成的保健用品，"可以居"也会开发。比如赤芝，比如石韦，比如重楼，比如八角莲，比如淫羊藿，比如仙客来灵芝……

窃以为这条路，宽且直；可以居，真可以。

休闲方面。"可以居"设计了一个"围炉夜话"的专门场所。整个"可以居"都铺设了地暖，围炉处还有炭火相伴，应该是"冬季上牯岭看雪"的最佳体验地。

有了这种探索，多年以前人们想象的"冬季旅游"或能翩然落地。

围炉，不仅仅是讲故事，还有"围炉音乐会"、"围炉茶会"、"围炉诗会"、"围炉吟诵会"等。

8月28日下午，绵绵秋雨和轻纱薄雾中，我们一群人在"可以居"的"围炉"旁，听了当地音乐人刘金泉先生的南箫演奏，算得上是"可以居"的首场音乐会了。

刘金泉先生网名"妙音散人"，善笙箫，性散淡。他用南箫演奏的《江河水》，与二胡高手比较，有异"器"同工之妙。堪称一流。

六、"可以文化"与社会学、美学的联结

"可以文化"既然是一种"文化"，那就与"文化研究"有关。而"文化研究"又与许多其他学科有关，除上文提到的以外，还和社会学、美学等相关。

文化研究与社会学、美学向来就纠结，目前还是一种"你

中有我，我中有你"的状态。

想把这三者的关系梳理清楚，无异于自找麻烦。

但要把"可以文化"进行理性推演一番，又不得不将这三者关系先理解清楚。

我们先看"文化研究"与社会学的关系。

19 世纪，英国诗人和批评家马修·阿诺德写了一本书，书名叫《文化与无政府状态》。

在这本书里，马修·阿诺德把"文化"和"文明"断然分开了，这无疑十分必要，且极其正确。

到现在为止，不是还有许多人分不清什么是"文化"，什么是"文明"吗？

马修·阿诺德给"文化"下了这样的定义：

"文化是甜美，是光明，它是我们思想过和言说过的最好的东西，它从根本上说是非功利的，它是对完善的研究，它内在于人类的心灵，又为整个社群所共享，它是美和人性的一切构造力量的一种和谐。"

当然，"文化"与"文明"有重合的一面，也有截然不同的一面。

眼下，我们对"文化"的表述（引自资料）如下：

"文化是人类在社会实践过程中所获得的物质、精神的生产能力和创造的物质、精神财富的总和。狭义指精神生产能力和精神产品，包括一切社会意识形态，如自然科学、技术科学、社会意识形态，有时又专指教育、科学、艺术等方面的知识与设施。文化实际上主要包含器物、制度和观念三个方面，具体包括语言、文字、习俗、思想、国力等，客观地说文化就是社会价值系统的总和。文化是以语言、价值观、宗教、习俗、艺术以及技术，结合其他日常生活方式，构成一个特定团体心理状态及精神状态的整体景观，特征就是一种民族认同。"

对"文明"的表述更多，在此不再赘述。

如果我们在这里依然要代入"可以文化"，那么上述的各种学术问题、学术走向和学术追求，不管是何种原因使其变成现在这样，既然这样存在着，那它存在就合理，而合理，就"可以"。

社会学的主要研究方向有理论社会学、应用社会学等，它接受社会研究、社会调查、语言表达的技能训练，对于社会现象和问题进行调查、研究、分析、解决等。

社会学因为研究的范围过于广泛，不少其他学科会乘虚而入，打几个桩，扯一面旗，以便分割其学术领地。

比如，社会研究里面，少得了"文化研究"吗？而社会现象和问题里面，也少不了"美育"和"审美"。

目前这样的现状，"可以"吗？我的意见是，只要"社会学"没有意见，又为什么"不可以"呢？

七、可以"治未病"

"知识分子"里面的"知识"一词，当下的解读是如下两层意思的叠加：

一是"知道"，二是"识见"。大家一看就明白，后者
比前者更重要。

法国哲学家，被尊称为"社会学之父"的孔德创立了"实
证主义"，让"社会学"从"哲学"里面走了出来。

孔德主张实证的知识要依据确实的事实。他将社会学分
为"社会静力学"和"社会动力学"。他将人类知识发展分
为三阶段，即神学、形而上学、实证。他认为只有研究社会
整体，才能了解社会的局部。

孔德提出的"社会静力学"和"社会动力学"很有意思，
但很少有学人能在此基础上深化出新，以至于思维模式动不
动就要回到《周易》。

"可以居"里的"围炉"，如果能辟出一个时段，让有
共同兴趣者能够在一起交流、讨论，甚至争辩，窃以为是另
外一种"私学"。

让"社会动力"在"社会静力"中养成，犹如雷电在云
雾中孕育。

我们中华文明之所以"生生不息"，是因为在很多方面
值得称道，但也有一些"短板"。庐山上面的"民宿"，如
果能适当地帮"旅居者"补齐这些"短板"，就如同高速公
路旁边的服务区，可以提供各种服务，特别是"精神"和"文
化"方面的"充电"和"补水"，才有可能建成真正意义上
的名山上的"精品民宿"，给"旅居者"一个"五星级的家"。

我认为当下人们在精神层面的"短板"，一是缺乏"逻
辑思维"，很多人长期凭感觉做事，"理性工具"的使用严

重不足，导致"拍脑袋"的人比比皆是；二是缺乏"心理训练"和"心理疏导"，一些人"肉身"上得了病，很重视也很敏感，但精神（心理）上得了病，却浑然不知，直至"酿成大祸"……

如果"可以居"能够为"旅居者"提供"心理咨询"或"精神按摩"，为入住的人"治未病"，这种"增值服务"恐怕是眼下的"第三空间"经营者应当考虑的。

日本思想家铃木大拙将中国人与印度人作了一个比较，他说：

"一般地说，中国是一个最讲求实用的民族，而印度却是一个喜欢幻想和倾向高度思辨性的民族。也许我们不能说中国人没有想象力和缺乏戏剧感，但和佛祖出生地的印度人比起来，便显得相当深沉、相当忧郁。"（铃木大拙：《中国禅的觉悟说》）

深沉，固然不错，但离"忧郁"太近。而"忧郁症"一词，于今天的我们，已经耳熟能详了。

期待"可以居"为客人提供"心理健康疏导"，可以吗？

——应该可以！

八、"可以居"的"居"

"可以居"这个词，由三个字组成，前面主要谈"可以"，是因为要理出一条"可以文化"的脉络，到文章快要结尾时，怎样都要说说这个"居"字了，否则，这根链条就不完整。

居，首先应该是"住下来"的意思。所以，"栖居"一词，指"栖息"和"居住"。美学家专门辟出了一个分支学科，叫"栖居美学"。

有两个德国人提出并巩固了一个美丽的概念（词语）：诗意栖居。

他们一个叫荷尔德林，一个叫海德格尔。

应该指出，"诗意栖居"这个概念，是荷尔德林最早提出来的。荷尔德林是诗人，是德国古典浪漫派诗歌的先驱。他在一首诗中说：

"人生在世，成绩斐然，却还依然诗意地栖居在大地上。"

"诗意栖居"由他最早提出来，既合乎逻辑，又确证了诗人的想象力。

但，诗人仅仅是"畅想"，哲学家则可以把诗人的"畅想"变成"思想"，化作人类对理想世界的具体追求。

诗人荷尔德林身后的哲学家出现了，他叫海德格尔。

海德格尔在思想界的影响力巨大，他被称为20世纪最伟大的哲学家、思想家之一，是存在主义哲学的创始人和主要代表。他的代表性作品《存在与时间》一书，至今还是许多学人的案头必读书。

海德格尔对荷尔德林的诗歌推崇有加，曾多次写文章或做演讲，介绍并推广荷尔德林。尤其是对荷尔德林的"诗意栖居"理念，海德格尔不断进行加固、放大，终于让其成为追求"高品质生活"人们的向往与行动。

海德格尔把荷尔德林的"诗意栖居"重新定义为：

"生命充满劳绩，仍当诗意地栖居在大地上。"

　　"可以居"，正是在这种意义上，为适应"后现代生活"设计的。

　　"疗养"或"休养"，抑或各种"心灵疏导"以及"灵魂按摩"，是治愈或抚慰"充满劳绩的生命"的良方补药和最佳营养品。

　　事实上，文化的研究深入或兴起之后，自然就会去推动公共文明发展。文化在塑造公共文明的同时，又被公共文明所塑造。

　　事物往往就是这样。犹如我们现存的"国有经济"和"民营经济"。

　　民宿，从字面上看，就属于"民营经济"。它创造的文化或文化现象，必然也参与塑造公共文明。

　　例如，上饶的"望仙谷"。

　　具体到"可以居"，它可以被看成建筑，也可以被看成文化。特别是从"文化研究"的角度来看，"可以文化"应该是能够作为"第四空间"的学术支撑。

　　"第四空间"的学术支撑，底层逻辑应该还是"诗意栖居"。

　　我理解，"诗意栖居"，更多的还是指人类精神的休憩状态。有些人把这叫作"灵魂的栖息地"。

　　人们常说诗人活在想象的世界之中，对现实不理不睬，也不要求自己有什么作为，就是"躺平"的样相。的确，诗人的主要"工作"便是想象，在想象中建造自己想要的世界。那么，怎样的"栖居"，可以看作诗人在想象中建造的世界呢？

庐山可以居民宿室内图

似乎没有看到过有力的论证，我们也只能假设人世间，有一些远离现实、排斥理性、期待"出世"的人，他们迫切需要且能够生存在想象的世界里。

然而，在我们得出栖居与诗歌不相容的结论之前，还是让我们再回到荷尔德林的诗句。荷尔德林在诗里提到的"栖居"，似乎并不是指当下的栖居状况。首先，诗句里的"栖居"不一定就是住在某个狭窄的房间里；其次，诗句里也没有说"诗意"就是诗人在想象中建造的世界。如果从这种角度来思考的话，那么"栖居"还真有可能配得上"诗意"，没准两者可以配合默契，也就是说，栖居可以用诗意作为某种基础。不过，我们在做这种假设之前，应该从本质上去分析栖居与诗意。

中国古人早就概括了这种栖居状态，如：

"有书真富贵，无事小神仙。"

如：

"采菊东篱下，悠然见南山。"

如：

"依山傍水简农家，悠闲自得感年华。耕牛戏水瓢舀鱼，燕吟妇喝小童丫。云淡天高无尘染，憨厚纯朴酒与茶。"

总体而言，"可以居"里"可以"提供的，多是我们日常生活中随处可见的物和场景。但，这种生活日常又必须被高度艺术化，无论是品茶还是饮酒，抑或围炉，抑或吟诵，谈天说地。

也就是说，"可以居"必须"既有实用性，又有艺术性"。

让岁月的烟云在其间弥漫，让到过、住过的人身上，发出耐人回味的幽香。

这样的"可以居"，当然可以。

九、可以旅居

"可以居"，要让"应用环境美学"不但登上"生态学美学"的台阶，还要步入"社会美学"的大堂。

其实，在两个德国哲学家之前，中国古人早就提出了类似于"诗意栖居"的概念。

我们这里不谈陶渊明，也不谈白居易。换一个"频道"，谈谈宋朝的一位美术理论家：郭熙。

郭熙最有名的著作，是《林泉高致》。

《林泉高致》是一本有关中国画的理论著作，一种版本是说由郭熙和他的儿子郭思合共同撰写出来的。全书分为六篇，包括《山水训》、《画意》、《画诀》、《画题》、《画格拾遗》和已经失传的《画记》。

郭熙从解读中国山水画的物理需要出发，认真分析了"山水丘壑"除"审美功能"外的各种实用功能，他说：

"世之笃论，谓山水有可行者，有可望者，有可游者，有可居者。画凡至此，皆入妙品。但可行可望，不如可居可游之为得，何者？观今山川，地占数百里，可游可居之处十无三四，而必取可居可游之品。君子之所以渴慕林泉者，正谓此佳处故也。故画者当以此意造，而鉴者又当以此意穷之。此之谓不失其本意。"（郭熙《林泉高致》）

郭熙在这里，认真分析了"山水丘壑"的多重实用功能，大致分为四类：可行、可望、可游、可居。

行，短暂的穿越；望，旁观的远眺；游，移动的旅行；居，长久的玩味。

显然，要与山水自然长相厮守，身上多少得沾染一些山林之气。居，是最为理想的选择。

因之，对"旅游"这个行业而言，"旅居"早就应该得到十分重视。

因为，自然之美，只有进入我们的日常生活中，才能深度呈现。

在西方一些发达国家，如法国，"旅居"早就超越了"旅游"，是寻找"诗与远方"人群的首选。

烟云供养：融入诗性后的审美观照

"山水武宁"这个词，已经面世十几年了。面临全国各地文化旅游大繁荣、大发展、大提升的局面，作为武宁人，我认为武宁的文化旅游应该在审美方式上加以提升了。

同为乡亲的摄影家张项理先生给了我一个机会。他悉心创作的摄影作品，要在江西省会南昌做一次展览。他发了一些作品让我先睹为快，并嘱我写几句话。

于是，"烟云供养"一词，便飞到了眼际，久久不愿散去。

烟云供养，指处身山水景物之间以养生。

烟云，有多样词性，但在这里，它不是名词，不是动词，更多的是作形容词。

依我看，这个词无论作什么词性，都美。

首先，是这个词具有朦胧感和飘移感，起承转合，无一不能；远山近水，统统包括；大地田畴，尽情滋养。

其次，烟云是缥缈，是轻纱，是细雨，中国古人有智慧，常常将这两个字用于山水间，特别是用在画纸上。

一旦用在了画纸上，一幅画的美学品质便骤然飞升。有烟云的画面，一般会被认为有"意外之韵"，是"形神兼备"的画作。

一缕雾霭，一团山岚，一片看不清的朦胧水汽。对于山而言，是仙气和意境；对于人而言，是内涵和气质。

所以，大山有烟云，大河有烟云，古人画上有烟云，大师的神韵有烟云……烟云是人间万千气象的交汇，是风的外衣，是梦境的再现。

张项理先生的摄影作品将镜头聚焦点对准了"烟云"，我以为这就是抓住了"山水武宁"之所以成为"山水武宁"的审美源头，就是抓住了中国古典美学的核心要义。

康德说，有一种美的东西，人们接触到它的时候，往往感到一种惆怅。

清代的恽南田先生把这种美感，称为"无可奈何之境"。

烟云可以孕育、滋润什么？或者说，哪些东西需要烟云供养呢？

山水，需要烟云供养。有烟云供养的山水，往往"姿态飞动，极沉郁顿挫之致。"（陈廷焯《白雨斋词话》）

茶，需要烟云供养。烟云能滋养一片叶子，也能滋养一棵树，以至整片树林。水雾浸润，慢慢渗透，直至长大。这样的一片叶子，有资格叫云雾茶。

云雾茶是烟云孕育出的，我们或可称之为"烟云之子"。茶山青青，茶色浓郁，烟云在茶树间不时翩翩起舞，因势赋形。

一方水土，需要烟云供养。被烟云滋养过的人，往往含蓄，往往内敛，力从内在冲荡而出，美从迷离的曲径而来。

不经意间，我们登武宁的柳山，或登太平山，你会在飞泉流瀑、蔽天遮日的荫凉间徜徉。看那山里农家，已然在烟云的供养中了。四周云雾缭绕，薄雾清风。如果青山寂静，你还能听见云雾流动的嘤嘤之声。烟云，就这样为山里人塑形、塑神、塑心。

当我们喝云雾茶时，自然会想到在云蒸雾绕的大山里，一大片轻荡荡的烟云，在茶林间缭绕，风来烟云散去，风去烟云聚集，际会山间灵仙之气。

山石需要烟云供养。烟云能滋养一尊山石，名山往往出名石。云有石相伴，石竹、石笋、石柱、石峰等，便显得空灵。石有烟云滋养更水润清凉，夏天在大山深处，随便用双手在一块石头上抚摸，都能摸到满手沁凉，无边潮湿，经常会错以为摸到烟云本身，颇得"窥斑见豹"意趣。

石上青苔，由烟云滋润而显，饱吸水分的青绿苔藓，是烟云足迹的记录，是大山石块的胎记。

竹林也需要烟云供养。竹丛也罢，竹林也罢，竹园也罢，烟云滋养过，便更青翠、更挺拔，也更加婀娜。

宋代韩拙在《山水纯全集》中说：

"春云如白鹤，其体闲逸，和而舒畅也。夏云如奇峰，其势阴郁，浓淡暧曃而无定也。秋云如轻浪飘零，或若兜罗之状，廓静而清明。冬云澄墨惨翳，示其玄溟之色，昏寒而深重。"

在论烟云的具体展示时，韩拙先生也多能道出其特征，如东、西、南、北的山川特点，春、夏、秋、冬的四时水色和四时云象，云、雾、烟、霭、霞、雨、雪的诸多变化等，至于各种画面的"经营位置"更是明示法度，让人可以细细品味，对画中国山水画的朋友启发多多。

烟，是雾霭、山岚，或烟云蒸腾，或烟云缥缈，或烟云笼罩，烟云往往会牵引着山势的走向，有烟云的遮挡，山色立即彰显出气势。

借助烟云的营养或养分，那些被浸润过的对象，便气象生动，便神态饱满，便山光水色盎然。

中国的秦岭—淮河以南，气候潮湿，温度升高，烟云极容易聚合、生成、升降、移动，四处弥散。"黄梅时节家家雨，青草池塘处处蛙。"田野、城池、树木和房屋，被水云浸润，被云水笼罩，被烟云滋养，于是，我们便有了温婉的江南。

张项理的摄影作品，表面看起来，似乎也只是变换了一些拍摄角度，多航拍，注意了光照和云雾的变化而已。

其实不然。

摄影创作与其他艺术创作一样，在画竹子之前，心里面是一定要有"成竹在胸"的。

张项理的摄影理念，是极认可地理环境与区域人文环境对摄影家性情、风格和审美取向的影响的。

与诸多武宁人一样，受到过"烟云供养"的张项理，无论他身在何方，从事何种职业，故乡的气息、经验、记忆，以及沉淀于骨髓之中的诸多物象，便会自然而然地化成他的审美结晶。

张项理的视觉经验里，无可避免地融入了他的诗性审美观照。而这种诗性审美的融入，造就了他拍摄宏大境界以及雕刻细枝末节时的文化动能和心理储备。

当诗歌意象转化成图片意象时，张项理便成功了。这，实为"山

《烟云供养》　摄影　张项理

水武宁"之幸!

"烟云供养"让"山水武宁"在美的历程里，获得了自己内在而特别的温馨与光辉，必然赋予我的故乡——赣北武宁县文化与旅游的第二重意义（旅居）。

十多年前，我在为武宁写的一篇文章里说：

"因为武宁山水存在的意义，不仅仅是让我们赏心悦目，不仅仅是让我们心旷神怡，它还要能让所有在逼仄中窒息、在红尘中挣扎、在旅途中劳顿的灵魂，有一个休憩的驿站，有一片可以诗意栖居的场所。"

"如果有一天人们宣布：在武宁山水中，人，可以快乐并尊严地老去。我则认为是这片山水在经过人文洗礼后的最高境界。"（引自《山水武宁的美学呈献》）

我觉得，由"烟云供养"着的武宁，离这个"经过人文洗礼后的最高境界"，越来越近了。

山水武宁，烟云供养。

第三篇

读画随记

《画室里的画家》

一、《画室里的画家》与维米尔

相信许多画家，特别是油画家看过或知道这幅作品。

这是荷兰画家约翰内斯·维米尔在 1666 年至 1667 年间创作的一幅油画。

维米尔只活了短短 43 年。这幅画是他三十四五岁时画的。

评论界认为维米尔一生只有两幅名画，一幅是《德尔夫特风景》，一幅就是《画室里的画家》。

通过画面，我们可以看到，这是一间有着黑白格子地板的房间。这间房间在维米尔的画中多次出现过。

屋内挂着一块厚帘，一位画家坐在画架前，专心致志地对着模特写生。

模特戴着用橄榄枝扎成的花环，右手持长号，左手则捧着一本书。她侧着身子，只有转过来的脸是正面的。

房间的天花板上悬着豪华的铜吊灯。模特背后的墙上，挂着一幅巨大的荷兰地图。

有资料称，这幅画是维米尔向历史致敬的作品，深深表达出他对旧时代的缅怀。画中的他穿着16世纪文艺复兴时期的服装，墙上挂的是古地图，那时的荷兰还是一个统一的国家。最重要的是他的模特儿，也就是头上戴着桂冠，一手拿着号角，另一只手抱着书本的蓝衣女子，有人说她是希腊神话中掌管历史的女神克莱奥。克莱奥手中的书本很厚重，看似一部著名的历史典籍，而号角则似有画家传扬自己美名的期许。

我看这幅画作时，有三点感受：

一是在表现深度方面几近完美；

二是独一无二的光线处理；

三是隐喻在油画中的运用别具匠心。

1666年5月，世界上发生了一件事情：经过修整恢复的荷兰舰队击败了英国舰队。

不知道维米尔知不知道这一消息？这一消息对他创作这幅画有没有影响？

二、维米尔的技巧

再来看看维米尔如何运用表现深度的技巧。

1. 透视法

透视法是一种绘画手段，使用透视法可以让画面呈现深度。比如，画家画户外风景时，多运用色彩透视法——即近处的色彩比远处的色彩更鲜明。

几何透视法也是画家多使用的方法。在画面上以观众的视点为中心，从这个中心出发，拉出一些透视线，一切物体都根据这些透视线来确定各自在画面中的远近大小。

这一简单的透视原理，15 世纪在意大利已经系统化和理论化。

2. 光的处理

维米尔非常注重光的处理。《画室里的画家》中，一束略显寒意的日光，静静地从帘子后面的窗口射入，前景的帘子、椅子等都处在背光和暗灰色调中。

维米尔对物体光线效果的追求，显然胜过其对物体质感的追求。

这，恰恰是印象主义画派的宗旨。

从这个意义上看，维米尔对物体光效的关注先于印象派画家。

3. 隐喻的介入

隐喻介入油画，于当代艺术而言是司空见惯的，但于维米尔那个时代的画家而言，却具有先锋文化的精神魅力。

维米尔的画作中，墙上总会挂着与创作主题有联系的图画或地图。

这些小道具就是维米尔的隐喻。比如《读信的蓝衣少妇》一画中，少妇站在地图前默默地读着远方的来信。地图在这里，便隐喻远方。

《画室里的画家》里面的少女头戴橄榄枝编成的花环，手中还握着长号、捧着书，背后是荷兰地图。

花环，隐喻荣誉；长号，隐喻传播；地图，隐喻祖国；书，喻隐记录与历史。

隐喻的最大好处是安宁、寂静。无论你看没看到，它都在那里。

隐喻建构的"精神空间"，如空气，你不一定看得见，但一定离不开。

维米尔深知这一点。

《读信的蓝衣少妇》 ［荷］约翰内斯·维米尔 1663—1664

康斯坦布尔

英国画家约翰·康斯坦布尔（1776—1837）首先使用油画到室外写生。仅此一点，我们在欣赏油画作品时，就不能不先去了解康斯坦布尔。

让我们先了解一下康斯坦布尔的生存时代背景：17世纪下半叶和18世纪上半叶。

17世纪就是1601年到1700年，是中国明朝的万历到清朝的康熙年间。18世纪是1701年到1800年，是中国清朝的康雍乾时期。

这一时期的欧洲正处于剧烈变革时期，而中国则正处于最后一个君主专制社会的全盛时期。

中国在稳定结构里休眠，欧洲在激烈动荡中奋进。

17到18世纪的欧洲美术，在各种力量的作用下，仿佛一匹脱缰的野马，狂奔了起来，成为世界美术史发展的一个重要阶段。这是一个承前启后的阶段，它上承文艺复兴，下启欧洲19世纪引领潮流的各门类艺术。

17世纪的巴洛克艺术影响了后来的洛可可艺术，影响了19世纪的浪漫主义、印象主义以至20世纪的野兽派和表现派；17世纪的学院派古典主义影响了后来的新古典主义和立体派美术

《迪德姆谷》 〔英〕约翰·康斯坦布尔 1828

等；17 世纪的现实主义艺术倾向，对后来的 18 世纪市民艺术、19 世纪的现实主义也都有着明显的影响。

17 世纪也是欧洲古典油画迅速发展的时期，不同地区、国家的画家依据自己生活的社会背景、民族气质，在油画语言上进行了不同的深度探索。油画的种类按题材划分为历史画、宗教故事画、肖像画（可细分为团体肖像画和个人肖像画）、风景画、静物画、风俗画等。油画技法也日臻丰富，并形成了各国、各地区的学派。

因为色彩的变革，油画的发展有了新的趋向。

康斯坦布尔独立于油画色彩变革的潮头。

他最早直接用油画在室外写生，以获得丰富的色彩感受。

他在局部用细小笔触并置颜色，使之混合成较鲜明的色块。这样一来，画面果然较古典的褐色调子要明亮得多。

在色彩方面，西方油画在康斯坦布尔笔下走出了古典的沉闷。

更为重要的是，康斯坦布尔还凭借对自然的观察，感性地获得了补色原理，

《白马》 ［英］约翰·康斯坦布尔 1819

并在实践中部分运用。

由于康斯坦布尔的这些贡献，后来的法国印象派画家在色彩运用方面便有了全面突破：他们吸收了光学和染色化学的成果，以色光混合原理去解决油画的色彩问题。

康斯坦布尔的成功，证明了福柯的一句经典论述：

"所有的知识体系，都并非自然生成，而是在社会实践中被逐步建构起来的。"

有人明确地提出了诗人的使命，那就是成为"大地的转换者"——把刻板的、僵化的大地转换成诗意的大地。

在这个意义上说，康斯坦布尔是"诗人"。

康斯坦布尔认为，风景画必须以观察的事实为基础，它的目的是"体现对自然效果的纯粹把握"。

康斯坦布尔用最有说服力的写实笔法渲染气氛，在向我们展示客观的现实景象时，恰如其分地表达了他深沉且热烈的情怀。

如果也用浪漫主义或现实主义的概念来区分，康斯坦布尔显然属于浪漫主义风景画家。

康斯坦布尔用画笔写诗。

他在向我们展示教堂、田园、道路、树林、水泽等静态的景物的时候，同时也将笼罩着这些景物的天光云影之生气运行图展示给我们。

作为一个浪漫主义画家，他既不遵循古典画家创立的严谨、规范的叙事性绘画传统，也不赞成同时代的画家对幻觉、想象的推崇。

面对这样的画风，在神性逃遁的日子里，我们只有下定决心学会倾听。

他就是他，他就是康斯坦布尔。

他，在为艺术创作的神性发出一种长久的召唤。

透纳

简单介绍康斯坦布尔之后，似乎有必要介绍透纳了。

就像我们接触唐诗，李白之后，必看杜甫。

他是色彩的魔术师，被视作印象派的先驱。他是英国19世纪伟大的浪漫主义画家，英国风景画派的杰出领袖。

他是约瑟夫·马洛德·威廉·透纳。

艺术创作注重的是感性的生成。

我们不妨从艺术品走向艺术家，先看看透纳的《海难船》吧——

《海难船》是透纳私人画廊开幕时展出的一件作品，现藏于伦敦泰特美术馆。

英国是典型的海洋国家，民众与海洋的亲密接触次数远多于陆地型国家。据悉，当时的英国每年有5000人左右葬身鱼腹，海难所造成的人员伤亡甚至超过战争。

画家以《海难船》为题，展示了人类与震怒的大自然相遇后呈现出来的一幕悲剧：

巨浪滔天，倾斜的船只即将颠覆，在生死存亡的关头，人们挣扎着与震怒的大自然殊死搏斗。汹涌的黑浪、翻滚的乌云、刺目的闪电、倾斜的桅帆，与惊恐的人群形成强烈的对比，恰到好处地渲染出场面的阴森恐怖、险象环生。

《海难船》 ［英］约瑟夫·透纳 1805

《被拖去解体的战舰无畏号》 ［英］约瑟夫·透纳 1839

在这幅画中，透纳将"彩色蒸汽"的绘画技法发挥得淋漓尽致。"彩色蒸气"以旋涡形式表现这场风暴。

生命是有限个体从生到死的体验总和。最伟大的艺术，往往能借助某种特殊情境，为我们揭示人生之谜。

《海难船》让我们时时记住：世上最没有脾气的，往往是脾气最暴躁的，例如大地，例如大海。

艺术一旦从感觉和感性出发，从情绪出发，便更接近美的诞生。

透纳的画，追逐悲壮的美。

透纳与康斯坦布尔，被称为"英国风景画史上的两座丰碑"。

透纳在创作时，往往会把一切富于戏剧性和震撼人心的效果都融进画里。

他的油画作品《被拖去解体的战舰无畏号》，意在表现当时日渐衰落的英国海军，以及老式风帆战舰在蒸汽动力舰出现之后的没落情景。

但在我眼里，这是新旧交替的判

决书，是人生暮年到来的檄文。

激动、悲怆，却无可奈何，可谓百感交集。

油画中可以看到，无畏号在雾霭般的光影里，桅杆上的帆紧紧收着，驶往东方，离太阳落下的地方渐行渐远。

"长江后浪推前浪，一代新人换旧人。"一个时代结束了，古老的光荣与梦想正在被新的历史覆盖，也开始被新的历史遗忘。

小小汽船拖动巨大的战舰，劈风斩浪，让人惊叹蒸汽机强大的同时，也显示了工业革命和科技的力量。这时，仿佛汽船带动的不仅仅是一条战舰，更是整个世界。

透纳的原意是想唤起对失去的感觉，并不只是为了记录这个事件。大笔渲染的日落和古战舰在同一个水平线上，而新生代的蒸汽拖船则更加朝气蓬勃。

分明就是"夕阳无限好，只是近黄昏"的意境。

透纳在创作《被拖去解体的战舰无畏号》时已经60多岁了。他对大海和天空的绘画技巧堪称精湛。油画以重墨渲染了夕阳在云间的光辉，与舰船的细致描绘形成鲜明的对比。

"烈士暮年，壮心不已"也罢，"岁月忽已晚"也罢，我想，凡是到了一定年纪的人，面对这幅作品，应该都会"别有一番滋味在心头"。

一条曾经辉煌过的战舰，正在被拖往将要被解体的地方。意味着风光不再、青春不再、往事不再、光荣不再。

仿佛被绑缚着赶赴刑场的人。

透纳用画笔绘出传奇的一生。他在世期间创作了超过2000幅水彩画和500幅油画，其1839年的作品《被拖去解体的战舰无畏号》，是他最著名的油画，一直在伦敦国家画廊（今英国国家美术馆）展出。在2005年《被拖去解体的战舰无畏号》被票选为"英国最伟大的画作"。

"最美不过夕阳红。"一片悲凉与苍茫之中，新的诗意萌生：

"心在天山，身老沧州。"（陆游）
"老境何所似，只与少年同。"（辛弃疾）

老境，是人生境界的高级阶段，有老境的人，当倍加珍惜。

用余秋雨先生的美学判断，这叫

《海上渔夫》 ［英］约瑟夫·透纳 1796

"死前细妆"或称"绝地归来"。

透纳的《被拖去解体的战舰无畏号》，给我的就是这种感觉。

再来看看透纳的《海上渔夫》。

《海上渔夫》是透纳在皇家美术学院年展上展出的首幅油画作品。

在皇家美术学院展览的评论导读中，这幅画因其自然主义的特色而获赞誉：

> "船只在海面上自然漂浮、摇曳，水波荡漾，效果逼真。"

18世纪欧洲绘画流行以夜间发生或是令人崇敬的事物为作画题材。这幅画以月夜下的渔夫为题，正好符合了这个时尚特点。皎洁的月色对照渔夫手中灯笼散出来的微弱灯光，反衬出大自然的霸气侧漏。

在大自然面前，人类的确是渺小的。

透纳喜欢描绘自然现象和自然灾害：火灾、沉船、阳光、风暴、大雨和雾霾等。他似乎被大海的变化所倾倒，画出了许多与大海有关的作品。他笔下的人物，仅仅是为了衬托大自然的崇高和狂野。透纳后期特别注重画出水面的光线、天空和火焰，而逐渐放弃实物和细部。这种创作手法，为后来印象派的出现举行了奠基仪式。

此外，透纳的大自然系列油画，还实现了他"从自然向内心世界的转移"。

他从《海上渔夫》出发，开始了艺术史上一个人的长征。

《拾穗者》

人们总是不愿意听画家自己对画的说法。这是一种偏见。

于是，人们便经常揣摩画家的说法。当然，这也是一件有意思的事。

在巴黎的奥赛博物馆看画，米勒的《拾穗者》一直印在我脑海里。

《拾穗者》是让·弗朗索瓦·米勒（1814—1875）最重要的代表作。这是一幅真实自然、亲切美丽，而又能给人以丰富联想的反映农村劳动生活场景的油画作品。

一些喜欢揣摩画家说法的评论家写文章说：

"画家在这里是蕴有政治意图的，画上的农民有抗议声。"

还有人在报纸上发表言论说：

"这3个拾穗者如此自命不凡，简直就像3个司命运的女神。"

另有美术评论认为：

"从中不难看出画家对劳动的甘苦，特别是对'汗滴禾下土''粒粒皆辛苦'的意义是有着切身的深刻体会的。"

我认为这些评论，起码是隔靴搔痒了，米勒应该不是这个意思。

如果用现象学的方式观察，我们将《拾穗者》当成一种人的成长背景来理解，或许能得其真髓之

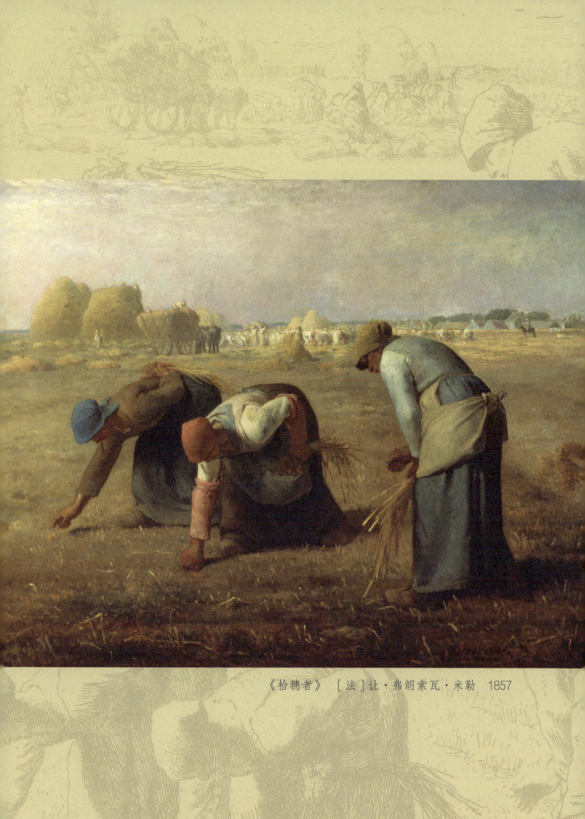

《拾穗者》 ［法］让·弗朗索瓦·米勒 1857

《拾穗者（手稿）》 ［法］让·弗朗索瓦·米勒 1857

一二、

《拾穗者》的创作手法其实比较简洁朴实，晴朗的天空和金黄色的麦地显得十分和谐，丰富的色彩统一于柔和的调子之中。像米勒的其他代表作一样，虽然画面内容通俗易懂、简明单纯，但又寓意深长、发人深思。

同为农村题材，我们不妨将辛弃疾的一首词《西江月·夜行黄沙道中》拿出来，与米勒的《拾穗者》进行一番比较：

"明月别枝惊鹊，清风半夜鸣蝉。稻花香里说丰年，听取蛙声一片。

七八个星天外，两三点雨山前。

旧时茅店社林边，路转溪桥忽见。"

天边的明月升上了树梢，惊飞了栖息在枝头的喜鹊。清凉的晚风送来了远处的蝉声。在稻花的气息中，人们谈论着丰收的年景，耳边传来一阵阵青蛙的叫声，好像也在说着丰收的欢喜。

天空中轻云飘浮，闪烁的星星时隐时现，山前下起了淅淅沥沥的小雨。从前那熟悉的茅店小屋依然坐落在土地庙附近的树林中。山路一转，曾经在记忆深处的溪流小桥就在眼前。

辛弃疾词里反映的，是宋时江西上饶地区的农村场景。

尤其是"稻花香里说丰年，听取蛙声一片"两句，把人们的关注点从长空直接拉回到田野，表现了词人不仅为夜间黄沙道上的美妙情景所感染，更感受到了扑面而来的稻花之香，由稻花香又联想到即将到来的丰年景象。此时此地，此情此景，词人与老百姓同呼吸的喜悦心情溢于言表。

以蛙声说唱丰年，是辛弃疾之创造。

沈从文曾说过，古代丝绸工艺的"撮晕法染缬"，我以为用来形容充满灵性的艺术作品，倒是十分贴切。

而以三个农妇拾穗的场景，来表达欧洲农村秋收的典型画面，则是米勒的创造。

殊途同归，其致一也。

如果说辛弃疾的《西江月·夜行黄沙道中》，是以词的形式勾勒出了中国宋代江西农村的典型画面，那么，米勒的《拾穗者》则以油画样式描绘出了欧洲农村的当年模样。

《拾穗者》表现了欧洲农村中最典型同时也是最普通的秋天景色。金黄色的田野一望无际，麦收后的土地上，有三个农妇正弯着身子十分认真地拾取遗落的麦穗。我们的农家孩子，应当也有拾稻穗、拾麦穗的切身体会。

画面上，米勒使用了迷人的暖黄色调，红、蓝两块头巾那种沉稳的浓郁色彩也融化在黄色中，整个画面安静而又庄重，田园牧歌式地传达了米勒对农民艰难生活的深切同情和画家对农村生活的特别挚爱。

如果我们换一个角度，去进行一种乡村少年成长史的现象学考察，就会发现：《拾穗者》的最深层价值，是显现了乡村少年成长过程中在个人与乡村自然、乡土人文相遇时的原初结构。

据我了解，这幅画原来的题目是《八月》，描绘的是一个夏收场景，展现了美丽的农村景色与农民辛酸劳动的对比。但这幅画被米勒身边的社会活动家看到了，于是建议他修改构图。在他们的鼓励下，米勒把繁忙的夏收场面推到背景的最远处，在前面只留下三个拾穗粒的农妇形象。这一修改，使作品产生了惊人的艺术效果。米勒在艺术界的地位也因此突然显著起来。

该画描绘了农村秋季收获后，人们从地里拣拾剩余麦穗的情景，人物形象真实生动，笔法简洁，色调明快柔和，是现实主义艺术风格的典型代表作。

其实，这就是中国传统美学所说的"意境"了。

用意境说去解读西方油画，不失为一种路径。

意境，是艺术家的一种心态，又能以形象表达。它又是作家、艺术家文化修养和想象力的体现，浸润在中国古诗词及世界各地的艺术作品里。

真正的乡愁，从有味道的舌尖上升起，从有意境的画面中产生。

我以为，要了解欧洲的农村，《拾穗者》是一张很不错的"入场券"。

想象一下，如果我们将自己的少年时光置身于《拾穗者》的画面中，我们会成为一个什么样的人？

我会觉得一辈子比别人多了阳光。对，阳光！

《拾穗者》非常注重光影效果的刻画。

首先，画中人物与画中光源走向之间有着默契的搭配：光源自画面后方左上角而来，直接向前偏右照射过去。人物的位置随着光源的角度一字排开。

其次，由于人物在画面中离观众的远近不同，画家便根据近大远小的透视原则，让人物在画面中的大小，与画面中光源走向和画面中描绘对象所处位置相协调。

再次，因为远处的背景部分离光源近，画家把草垛、树木和农舍等放在了画面背景后方，而把三个农妇画在了画面前方。这体现了透视及近大远小等在绘画中基础实用的原则。

此外，米勒给整个画面注入了各种对比元素：拾穗的动，与农场后方草垛、树木和农舍等静物对比；远近色彩明度的对比；通过透视形成的人物与景物之间大小的对比；还有三位农妇衣着、头巾的对比等，都起到了"鸟鸣山更幽"的特殊效果。

色彩与光影，重构了老欧洲迷人的田园风情。

假设我们从这样的地方开始人生第一步，我们身上，是否会多一份对劳动的尊重，会多一点对阳光的珍惜，会多一些对田园牧歌的理解呢？

现象学的思考，是要我们把握个人成长的内在的、构成个体当下之为当下的初始性的结构。

乡村少年成长经历之所以丰富，除了自然、爱、劳动、伙伴之外，还有故事和书籍。

而《拾穗者》这一作品，是当之无愧的"多种维生素"。

因为自然与劳作，几乎建构了一个乡村少年成长的全部底色。

而这，恰恰是当今城里孩子所缺乏的。

罗曼·罗兰在所著的《米勒传》中指出：

"米勒，这位将全部精神灌注于永恒的意义胜过刹那的古典大师，从来就没有一位画家像他这般，将万物所归的大地给予如此雄壮又伟大的感觉与表现。"

米勒的乡村田园画，是一个谱系，一部歌曲，一场交响音乐晚会。

《大碗岛的星期天下午》

《大碗岛的星期天下午》 ［法］乔治·修拉 1884—1886

这算是一幅世界名画了。它的作者是法国人乔治·修拉（1859—1891），创作于1884—1886年，现藏于美国芝加哥艺术学院。

乔治·修拉是一个典型的"宅男"，从小就不喜欢与外界接触。他出生在巴黎，很早就进入巴黎美术学院学习，奠定了扎实的绘画基础。

乔治·修拉成名早。1884年，25岁的乔治·修拉开始创作《大碗岛的星期天下午》。27岁的他就获得了"科学的印象主义绘画首领"称号。

依我看，《大碗岛的星期天下午》之所以能够进入世界美术史的殿堂，主要有以下原因。

一是画家在创作时极其认真。据资料记载，修拉为了完成这幅作品，整整花费了两年的时间，几乎每天早上都要到公园里去观察和写生，然后在画室里进行构图研究和色彩分析。他前后创作有400多幅草图和色彩稿，画面上的人物，更是经过了反复观察和思考才最后决定的。

二是修拉在这件作品上的"点彩实验"，开创了世界美术史上的"新印象派"，或世界油画史上的"点彩派"。

一切改变都从怀疑和"背叛"开始。

修拉认为印象派的用色方法不够严格，不免出现不透明的灰色。而且，为了充分发挥色调分割的效果，印象派画家会用不同的色点并列地构成画面，画法机械呆板，单纯追求形式。

修拉在画面上将一些黑色块集中起来，而让一些空白的部位显出明显的形状。通过达到完美平衡效果的层次变化和黑白对比，把意想不到的情景展现在我们眼前。他巧妙地捕捉着光和色，让它们在黑色和白色中复活，创造出的阴影有利于形体塑造，光亮处则充满神秘色彩，过渡的灰色显露出有强烈生命力的世界。和谐的曲线在相互制约着、平衡着，各种形状浮现着、明确着，发出异彩。

自西涅克邀请修拉参加印象派，并向他炫耀了纯色的优越性

《大碗岛的风景人物》 [法]乔治·修拉 1883—1884

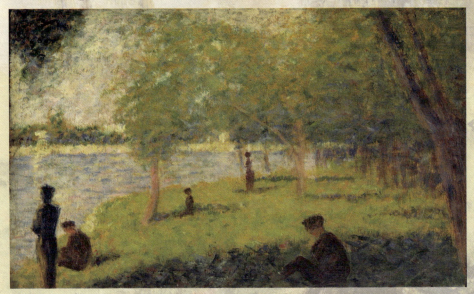

《大碗岛的星期天（习作）》 [法]乔治·修拉 1884

后，他便在画布上堆起与环境、阳光、颜色的相互作用相符合的小圆点来。为了更好地平衡这些因素，并使它们互相渗透到只有极小的差异程度，修拉采用了不在调色板上调色，而用小圆点和纯色色点进行"点彩"的办法。从一定的距离看上去，这无数的小点便在视网膜上造成所寻求的调色效果。

绘画方式的重大突破，必然会被史学工作者认真关注。

我们知道，大碗岛在巴黎，是巴黎市民盛夏避暑的好去处。

修拉用画笔描绘了人们在大碗岛上休闲度假的情景：阳光下的河滨树林间，人们在休憩、散步、垂钓，河面上隐约可见有人在划船，午后的阳光投射出人们长长的身影。画面宁静而和谐。

显然，青年修拉尝试运用原色色点的视觉混合方法来处理画面。他成功了。

在这里，油画笔触变成了一个个小小的点子，且这些点子会随着画幅的大小而变化大小，二者间有严格的比例关系。

三是有"文化大喇叭"的推广，有一流美术机构认可。

大画家毕沙罗说：

"《大碗岛的星期天下午》是幅让人耳目一新的伟大之作。修拉这位优秀的画家，是第一个有此构想，并在一番彻底的研究之后，将理论科学运用出来的人。"

诗人凡尔哈伦这样评价：

"《大碗岛的星期天下午》，在我看来是探索最真实光线的一次决定性尝试。没有任何碰撞；一种均匀的空气氛围；一处从一个景到另外一个景的顺畅通道，尤其是一种令人震惊的不可触知的空气。"

修拉用准确的色点冷静地分析物象，不但极大地推动了印象派绘画的发展，还为后来的几何抽象艺术的出现与发展提供了可能。

非常遗憾的是，乔治·修拉只活了短短的32年，1891年就离开了人世。

如果他的生命能更长久些，谁知道这个天才会给世界带来什么？

《圣维克多山》
是座什么样的山？

《圣维克多山》　［法］保罗·塞尚　1904

圣维克多山，是法国大画家保罗·塞尚（1839—1906）的创作对象。学美术，特别是学油画的朋友，没有不知道这座山的。

塞尚的故乡埃克斯，在法国南部的普罗旺斯地区。普罗旺斯，那可是多少人心目中的"诗与远方"啊！

圣维克多山位于法国南部塞尚家乡附近。说句实在话，如果不是塞尚，它也许只是普罗旺斯无数山岭中的一座。

于是，我们必须充分关注作为油画作品的圣维克多山。

这幅画，到底与以往同类型的画有什么区别？塞尚又如何让他家乡的这座普通的山，突然就鹤立鸡群，猛然就一飞冲天？

原来，塞尚要借维克多山，表达自己的艺术理想与艺术追求。

早在1866年，塞尚年轻的时候，他就被巴黎的人们看成是一个怪异的画家。他的作品使他远离了与他同时代的画家，甚至包括那些最具创新性的画家在内。这可以看出他一生的艺术创作是多么不容易，他的画对于当时的社会主流来说，是多么的叛逆。

然而，正是这种不可逆转的叛逆，让世界美术史多了一个塞尚。

后来塞尚离开了巴黎，回到了他的家乡——法国南部的埃克斯。在那里，他准备用最简单的素材，创作艺术史上最具革命性的作品。他只需要一个普通的画架，不过加上了崭新的视角。

世界美术史上的一次重大实验，开始了。

全身心投入实验的塞尚，无论我们从什么角度看，都是孤独的。

塞尚自己也说"孤独最适合于我"。

但是，他真的孤独吗？在巴黎的城市生活中，他应该是孤独的。当他画画的时候，当他研究自己的艺术的时候，他根本不可能孤独。他的隐居不是被别人逼的，是他有意识要避开别人。不是巴黎抛弃了他，而是他要抛弃巴黎。他必须要抛弃别人的思想，抛弃别人对艺术的评论。他饱含着的对艺术的热情，促使他必须离开巴黎，避开世上的一切，回到家乡一直享受孤独25年。

——他在等待一个自己都无法预测的回响！

对于《圣维克多山》这幅画，我们可以将塞尚的其他作品一并进行比较，就会发现，在《圣维克多山》的画面上，画家的笔触更加抽象，轮廓线条也变得更加破碎、松弛。色彩飘浮在物体上，以保持独立的自身特征。画中的每个笔触都是以自身的作用独立地存在于画面之中，同时又服从于整体的和谐统一。

画家把客观的现实转化为主观的造型，让画中的理性结构和自己的艺术主张相融合，以期构成一种永恒的绘画样式。人们从这幅画中可以看到，艺术家在古典主义和浪漫主义、结构与色彩、自然与绘画的结合上，都达到了前所未有的高度。

塞尚这种追求形式美感的创作方法，犹如一支先遣排雷部队，为后来各种各样现代油画流派的出现，铺平了道路，提供了引导。

塞尚出现之前，艺术在艺术史的河里流着，循规蹈矩，从来不敢越过河床半分。

几乎所有的画家都把主要注意力放在再现客观对象上，为此，他们大费周章。

只有塞尚例外。

塞尚成功的背后，有一个重要推手，他叫毕沙罗。

是毕沙罗说服塞尚要走出黑暗，抛弃内心的阴暗。毕沙罗鼓励塞尚多画外景，有条件时要在事物前创作。这是一个重大转折点，塞尚开始画风景画之后，他内心的黑暗瞬间变成了万丈光芒。

塞尚的伟大题材是自然，然而，他转身离开了印象派。他觉得印象派太短暂、太易变，他想创造一种新的艺术语言，拥有过去的艺术家的巨大野心。他说过："我想在普桑之后重塑自然。"

"我在缓慢前进着，自然界很复杂，而进展在持续，要画画就要先观察，要忠于所观察的物体，不要夸张、扭曲，然后把它们准确地画出来。体验是最好的检验标准，然而这些标准又是那么少之又少。"

在《圣维克多山》这幅画里，我们是从一处长着冷杉树的丘陵上向那座山眺望。画中充满了有力的线条，塞尚用这些线条组织起了他的画。塞尚的用

《圣维克多山》 ［法］保罗·塞尚 约 1890

《圣维克多山》 ［法］保罗·塞尚 1890

《圣维克多山》 ［法］保罗·塞尚 约 1890

塞尚笔下各个时期的《圣维克多山》

笔是那样的稳定、坚实。看着这幅画，我们会觉得，这些景色不但实实在在地存在于明媚的阳光下，还让我们体会到了秩序中的美。

从《圣维克多山》的构图方式上看，画家并不以表现山及山周围的优美景色为主要目的，呈现山的巍峨和高大才是作画的主要思想依据和重点所在。平面以往复的环形围绕着轴心运行，以至于不论从哪个角度出发来观察这幅画，都会被整个山体的重心构图所引导。前景的树林，用绿色和红色及橙黄色来搭配，主要用来映衬主体山峰的整体面貌。山峰的颜色虽然是灰色的，但在树林及其周围金黄色山石等强烈颜色的反衬下，并不会失去视觉上的冲击力，反而会突显出它的重点所在。画上仍然有光线的存在，但并不能看出光线的光源在哪里，光线就像从画布的背面透了出来。山峰和周围的景物被凝固了起来，呈现出了一种永恒的巍峨。

保罗·塞尚，法国画家，被称为"现代艺术之父"，风格介于印象派和立体主义画派之间。他的作品对于19世纪的艺术观念转换到20世纪的艺术风格奠定了基础，对

马蒂斯和毕加索都产生了重要的影响。

塞尚终结了印象主义对自然界的模仿，然后为纷飞了若干年的印象派认为的那种光的追逐，为现代美术找到了一个新的居所。

在这个新的居所里，他修订了关于光和色的家族史，即他提倡按照画家的思想和精神，重新认识我们眼前的一切。由于他对这种方法认识的彻底变革，从他开始，后来的很多画家就从追求对自然的模仿，转向了表现自我的那种主观。后来很多野兽派画家说，他们的灵感来自塞尚；毕加索从塞尚的艺术中萌发了立体主义的观念；抽象派画家也奉塞尚为他们的开山鼻祖。因此，塞尚在西方美术界，一直被认为是"现代绘画之父"。

塞尚的这一实验，相当于中国道家定位的那个"一"：

"一生二，二生三，三生万物。"

塞尚用他自己的方式，带我们去了一些过去从未涉足的地方。

是他告诉了我们，风景画，原来可以这样画。

《蒙马特大街》

《蒙马特大街》　[法]卡米耶·毕沙罗　1897

油画《蒙马特大街》，由法国画家卡米耶·毕沙罗创作，现藏于圣彼得堡的艾尔米塔什博物馆。

它可以算是油画版的《清明上河图》哦。

此画的创作时间是 1897 年。这一年是清光绪二十三年，离辛亥革命还有 14 年。

说到这里大家便明白了，那时的中国还没有一条这样的大街，哪怕是王公贵族，也想象不出"蒙马特大街"是个什么样子。

油画的影像记录功能的突显，让其史学价值飙升。

这是一幅蒙马特大街的全景图，街道两侧尽收画面，人群流动，车水马龙。由于视角宽广，楼房林立，车马人流很小，只能凭感觉用粗笔点画出来，却依然显得特别生动，加之透视准确，仿佛是一件彩色摄影作品。

它不但描绘了现代都市的繁忙热闹场景，还预示了 20 世纪未来派画家所热衷描绘的景象——现代都市的快速运动节奏。

现在的艺术讲究虚构与重建，多与幻想为伍；一百多年前的艺术则注重写实与具象，因为那时的摄影术远远没有普及。

绘画（尤其是油画）的纪实作用便相当重要了。

历史，现在当然是名词，原来却是一个动宾词组。它在转换成名词的嬗变过程中，类似于《蒙马特大街》这样的作品，起到了相当重要的作用。

《亚威农的少女》

也许巴勃罗·毕加索（1881—1973）本人并不清楚，他于 1907 年创作的这幅油画，为什么日后会成为世界十大美术作品之一。

如果我们稍稍带点传统的审美眼光来看这幅画，它绝对算不上是一幅杰作。

它几乎是一幅"尖锐的、骇人的、令人厌恶的画"。（西方评论家语）

但，"山到成名毕竟高"。《亚威农少女》究竟好在哪里？值得我们细细琢磨。

画面取自巴塞罗那 20 世纪初亚威农大街的一家妓院，表现的是当时学院派绘画最常见的——美女展览。

但用平常眼光去看，画面中的这几个"美女"绝对不美。

据说毕加索自己也不认为这是一幅好作品，画好后便把它靠墙放着，一放就是 30 年。

如果按拉斐尔、按普桑、按安格尔的标准，或许这是一幅失败之作？

世上凡石破天惊的事，总是脱轨"脱"得比较彻底的。

美术史论家利奥·斯坦伯格认为此画开始了"女性侵犯的浪潮"。

更有人说，此画是"最后的对文艺复兴以来一直支配艺术实践的传统的破坏"。

《亚威农的少女》　[西] 巴勃罗·毕加索　1907

真的是"仁者见仁，智者见智"。

其实，《亚威农少女》并没有立即导致立体主义绘画的产生，很多学者认为，这是"立体主义绘画的试验室"。

也就是说，《亚威农少女》仅仅是一个试验品而已。

但，这一试，还就成了！

"《亚威农少女》可以被称作第一幅立体派作品"，巴尔先生如是说："因为它打破了自然形式，无论人物、静物还是衣饰，使倾斜、交替的平面，都成了半抽象的整体设计，整个平面被压缩在一个浅层空间里。这本身就是立体派。"

比起同时代的那些大艺术家，毕加索的运气真的不错！

《亚威农少女》创作于1907年。那个时段，整个世界的艺术都处于低潮期。

换句话说，全世界的艺术家都在突围的谷底。

在固体形态的描绘方面，塞尚异军突起、独领风骚。毕加索聪明，果断地借鉴了塞尚。

也有人说，《亚威农少女》的构思灵感来源于伊比利亚雕塑和非洲面具。毕加索参观巴黎人类博物馆时，被非洲土著人艺术，特别是黑人雕刻的那种简练朴素、怪异和粗犷的造型所吸引。画中少女们变了形的脸，是毕加索探索伊比利亚人和非洲黑人雕塑的结果。

青年时代的毕加索曾长期在巴塞罗那生活，他对巴塞罗那的亚威农大街非常熟悉。亚威农大街是当时欧洲著名的"红灯区"，是妓女和三教九流各等人物常出没的地方。毕加索从青年时代的记忆中找到了灵感，以其在亚威农大街上见到的景象创作了这幅《亚威农少女》。

《亚威农少女》描绘的是一家妓院的妓女形象。画面上的五个妓女都裸露着病态的身体，搔首弄姿，摆出招摇和引诱的姿态。然而，她们的身躯却明显被病魔缠绕着，呈现出令人恐惧的憔悴脸色。女人正面的胸脯变成

《亚威农少女》（局部）　[西]巴勃罗·毕加索　1907

了侧面的扭曲，正面的脸上会出现侧面的鼻子。甚至一张脸上的五官全都错了位置，呈现出拉长或延展的状态。其中一个女人的脸上笼罩的黑影正是病魔的影子，另一个女人的脸简直被描绘成了病毒的样子。因而，这些丑陋、病态、变形的女人形象，确实给人一种很可怕的印象。左边的人物先画成，像是一些西班牙史前雕刻，右边两个似乎与其他人无关的人物，则像是戴了西非黑人面具。

毕加索把他脑海里的各种妓女形象，接二连三地拉到了他的油画布上。

而且，每个形象都被赋予了特殊的力量——一种来自形象本身的内在活力。

尽管是花季少女，但妓女这个行业，难道不是扭曲、变形，乃至变色的染坊吗？

从这个角度看《亚威农少女》，是否有"脑洞大开"的感觉？

毕加索这样表现一群少女，可谓匠心独运。

毕加索之所以成为大师级画家，隐喻或暗示无疑是其"月光宝盒"。

隐喻和暗示有无尽的魅惑力，能诱导和激发观众去寻秘探幽。

《亚威农少女》的妓女身份，是进行隐喻或暗示的极好载体。

画中五个人物不同侧面的部位，都凝聚在单

一的一个平面中，用不同的结构组合展现了不一样的美学特点。

这幅画的画面上一共有五个少女，或坐或站，搔首弄姿，她们的前面是一个小方凳，上面有几串葡萄，人物完全扭曲变形，难以辨认。画面呈现出单一的平面性，没有一点立体透视的感觉。所有的背景和人物形象都通过色彩完成，色彩运用得夸张而怪诞，对比突出而又有节制，给人很强的视觉冲击力。

五个少女的裸露着的身躯是粉红色的，没有什么装饰。左面三人身体呈菱形，眼睛是橄榄形的，似乎戴着面具，其中一人的一只手不可思议地反转到身体的侧后方向，拉着赭红色的幕布。右边的两人面目狰狞恐怖。

画面中间的两个女子是比较普通的少女形象，而左边那个女人的脸则带点悲剧性的美感，但是她的躯体坚硬冰冷，如同画面边缘用来切开瓜果的刀子一般邪恶、可怕。

毕加索创作这样一件不讨观众喜欢的作品并不是没有来由的。1906年，画家塞尚去世，法国巴黎为其举办了一个大型作品回顾展。当时还是青年的毕加索，看过展览的第二年，创作了这幅作品。有人说，它是对塞尚《浴女》母题的回应。

在那些表现"浴女"的作品中，塞尚使西方传统绘画中具有丰满、美貌、优雅气质的女性消失了，而是把她们当成一棵树、一片云、一块土地一样去塑造，尽管具有与传说或是信仰有关的神秘色彩，但它只存在于色彩与形体的关系中。至于他笔下的女子长什么样，在做什么，那都不过是为画家的表达提供一个媒介罢了。

面对这张画的时候，我们的目光似乎总在游离，看到的都是支离破碎的局部，很难获得像古典油画那样明快单纯、一目了然的印象。毕加索把日常熟悉的物体的结构打散，然后按照一些有趣而奇妙的想法将不同的部分重新组合，使它们更接近于感情上的真实。《亚威农少女》被认为是立体派风格的开山之作，尽管画面形象丑陋、扭曲，但这些女子咄咄逼人的目光和挑逗性的姿势却

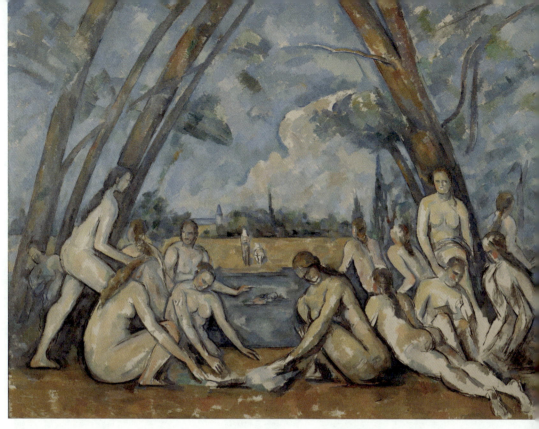

《大浴女》 [法]保罗·塞尚 1900—1906

因此得到强有力的体现。

此外，为了更恰当地把握主题，毕加索还创造性地吸收了非洲原始面具的特点。在这幅作品中，他第一次将非洲原始艺术的形式引入自己的作品中。对比二者，你会发现它们是多么相像。毕加索之所以这样做，恐怕是被非洲原始艺术中那种粗犷、本能的力量所吸引，而把这样的气质用在这样的主题上再合适不过了。

英国艺术家罗兰·潘罗斯说：

"《亚威农少女》是个战场。这幅画本身就包含着毕加索内心斗争的迹象。"

我们还可以从毕加索在1910年创作的另一幅画——《弹曼陀铃的姑娘》中，进一步看到他在作品里深埋的隐喻与暗示。

值得一提的是，隐喻与暗示的手法，在一百多年后的今天，已被画家当作"常规武器"使用。

色彩舞者：布拉克

我们低估了乔治·布拉克（1882—1963），他应当与毕加索齐名，甚至要排在毕加索之前。

首先，布拉克与毕加索同为立体主义运动的创始者。

其次，"立体主义"这一名称由布拉克的作品而来。

再次，在立体主义运动中，多项创新也由布拉克探索成功，例如将字母及数字引入绘画、采用拼贴的手段等。

但布拉克到底没能与毕加索的名气并肩，说到底恐怕还是与"性格"有关。

所谓"谋事在人，成事在天"，金玉良言啊。

如果我们举例说明，布拉克的绘画风格，仿佛就是一根"墙头草"，倒来倒去，最后他自己"哪一边"的都不是。

布拉克于1882年出生于塞纳河畔阿让特伊的一个漆工家庭，其父亲和祖父都是业余画家，这使他自幼便对绘画产生了浓厚的兴趣。1893年，布拉克全家移居勒阿弗尔，不久，他便进了当地一所美术学校学习。

但，布拉克是一个非常感性的人。盲目的美术追求加上兴奋点不受控制的频繁转移，使得他极像《三国演义》中的那员猛将——吕布。

最初，他跟在"印象派"的后面，亦步亦趋。

1905 年，在看了秋季沙龙之后，他对令大众茫然的"野兽派"绘画产生了浓厚的兴趣，遂在以后的两年中参加了"野兽派"绘画运动。

不过，"他的性情极为平稳，因而不滥用'野兽派'画家陶醉其中的自由"，其作品有"安详如歌"的基调，与那种色彩强烈、笔法奔放得令人兴奋的、地道的"野兽派"作品风格迥异。

一段时间里，布拉克似乎在"野兽派"的路上，走得很安稳了。但不幸的是，他是一个始终好奇的人，始终喜欢新鲜感的人，始终善变的人。

一日，布拉克忽然就看到了毕加索画的《亚威农少女》，立即感觉作者惊为天人，便想方设法结交毕加索。两人遂成好朋友，一起创立了"立体主义"画派。

布拉克的立体主义是受塞尚绘画视觉真实以及画面结构的影响，他想让画成为一种建筑，使对象成为某种比现实还要真实之物。在立体主义构建行动中，布拉克起了主要作用。他比其他的立体派画家更多地带来不可缩减的具体和一针见血的分析，带来少有的和谐色彩和他的任何同伴都无法媲美的典雅、流畅的线条。

就这样，在欧罗巴的金色画廊里，布拉克如同一名醉汉，

《埃斯塔克旁的橄榄树》 ［法］乔治·布拉克 1906

手里拿着他的画笔，跌跌撞撞地在各种美术流派中寻来觅去。

似乎都与他有关系，又似乎都与他没有关系。

一条笔直的阳关大道，硬生生被他走成了"之"字形。

曲折了，离奇了，却也生动了。

尽管走了许多弯路，布拉克还是脱颖而出。

他在色彩当中，找到了突破口，找到了自由，从而成一个色彩的舞者。

我们分析一下布拉克的部分作品，便可以了解他在色彩搭配方面的种种奇招。

比如，他在画中采用的色彩，既有淡紫蓝又有普鲁士蓝，有维罗纳绿色和宝石翠绿的并用，有粉红和朱红的并用，有紫罗兰和橘黄的并用等。

再比如，布拉克无论加入什么画派，都会进一步发挥他感觉敏锐、处理大胆的特长，尽情抒发色彩与肌理的表现力。

他的画面放松了与现实的联系，变得更为抽象．

他不再那么注重切线和构成。

他取消了主题，不再用线的复杂技巧和面的套合表现对象，而是把它看作一种单纯的记号。

他这一时期的作品给人的感觉是纯绘画的，画面不再参照大自然的某个片段，而呈现出一种"绝对创造"——一种全部由设计和想象造就的现实。

作为立体主义画家中最伟大的色彩表现主义者，布拉克的画面以充满理性的哲思分析自然、重组自然，以内省和冥想的方式体现出一种庄严的静穆和纯朴。

他对画面语言、形式的探索及拼贴材料的自由运用，对同期与后世的绘画艺术以及现代工艺美术、建筑美术等实用艺术领域产生了深远的影响，为那些热爱艺术的人们搭建了一座视觉享受的精神建筑。

布拉克如同美术天空中的一颗流星，划过之处，一片生机盎然。

马塞尔·杜尚

美术界，不时会出现世纪奇葩。

1915 年，一种人类从未见过的"替换性艺术"在美国的大都会出现了。

这是一种奇特、狂热，有时甚至是疯狂的艺术，恰恰与那个奇特、狂热和疯狂的时代同频共振，这种号称"替换性艺术"的浪潮迅速溢涌到世界各地：苏黎世、科隆、汉诺威、柏林，最后，还出现在巴黎。

发明"替换性艺术"的这个人叫马塞尔·杜尚（1887—1968）。他是 20 世纪实验艺术的先锋，被誉为"现代艺术的守护神"，对于第二次世界大战前的西方艺术有着重要的影响，是"达达主义"及超现实主义的代表人物和创始人之一。

当然，这只是后人对他的不同角度的评价。其实，杜尚不属于任何艺术流派，因为他一生都在追求自由，追求真正的心灵的自由。

何谓"替代性艺术"？

说起来有点"匪夷所思"。

1917 年的某一天，杜尚将一个从商店买来的男用小便池起名为《泉》，匿名送到美国独立艺术家展览会，要求作为艺术品展出。这，成为现代艺术史上里程碑式的事件。杜尚之所以把小便池命名为《泉》，除了它确实有水淋淋的外表之外，也是对艺术大师们所画的《泉》的讽刺。

在西方艺术史上，马塞尔·杜尚一直是一位争议颇多的人物。有人称他是严谨认真的艺术家，是 20 世纪实验艺术的先锋，是"现代艺术的守护神"；

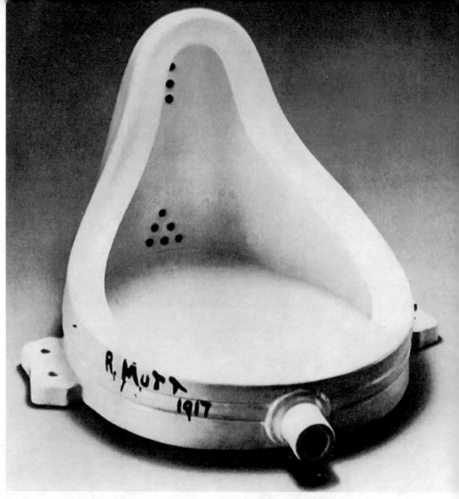

《泉》 [法]马塞尔·杜尚 1917

也有人称他是高雅艺术的嘲弄者，是艺术花篮中的一条毒蛇，是毁灭美的恶魔。

第一次世界大战时期的屠杀现象令杜尚感到绝望，他带领志同道合的艺术家掀起一场抗议运动，也就是所谓的"达达主义"运动。

"达"在法文中的意思是木马或婴儿"无意识的语言"，后者似乎更合乎这个运动的精神。人们常认为达达主义有虚无主义的色彩，而它本身的目标也是为了让世人明白，所有的既定价值、道理或者美感标准，都已在第一次世界大战的摧残下，变得毫无意义。

如果我们这时回顾一下海德格尔有关"真理"的论述，会觉

L.H.O.O.Q.

《L.H.O.O.Q》 [法]马塞尔·杜尚 1921

得杜尚此举特别有意思。

海德格尔认为，真理不是一些静态的命题，也不是外在的对象，它只是让事物站出来显现自己。

貌似云淡风轻的一句话，或许就启发了一个人，一个神经兮兮的人。他让这个"小便池"披上了"艺术"的外衣，从而产生了一种"惊世骇俗"的、蓦然让人脑洞大开的效果。

一个另类的人，总是会做出一些另类的事情。

1919年，杜尚又用铅笔给达·芬奇笔下的《蒙娜丽莎》加上了式样不同的小胡子，于是"带胡须的蒙娜丽莎"再次成为西方绘画史上的名作。

这种类似于"恶作剧"的涂鸦式"创作"，与写生无关，与技法无关，与画种无关。与其说是性格禀赋，还不如说是艺术家自由性灵的自然流露。

世界上那么多人，没有两个人的内外阅历、个性、心境、感受和体验是完全一样的。这决定了每个人都有潜质创造出："我"，就是"这一个"。

杜尚以常人难以想象的价值观，以一种看起来有些"无聊"的手段，第一次将"美术名作"（包括画家和作品）统统请下了神坛，却让自己走进了美术史。

我认为这是"剑走偏锋"的又一个极端案例。

费希特说：

"你是什么样的人，你便选择什么样的哲学。"

作为一颗"异端的种子"，遇到合适的气象条件，便长成了唯一的"这一棵树"。

杜尚初期的作品并未显露任何天才的迹象，像《布兰维尔的风景》那样印象主义的画作丝毫看不出作为一个艺术大家的深沉慧根。然而，当杜尚开始画出一些立体主义的重要作品，尤其是为哥哥的厨房画《咖啡研磨机》，着手创作将"时间—运动"作为考察对象的《下楼的裸女》时，他已经对传统的静物美学产生怀疑，反对视网膜的感性美，而这意味着思想的开端。一扇朝向另一些事物的窗户悄然打开，新的艺术游戏规则而非美学规则正在静寂中酝酿一个世纪的暴风骤雨。

独特个性和"可以圆说"的逻辑关系，可以"荡元气于笔端，寄妙理于言外"。

看起来，想做"石破天惊"的事情，需要的是勇气，最最需要的还是勇气！

抽象艺术

法国哲学家德勒兹作文艺评论，永远是"概念先行"。他认为："哲学就是创造概念。"而概念就是光，能够帮助我们看清这个世界，尤其是美学世界。

抽象艺术，也是概念，抑或是光的一种。我们在美的世界里徜徉，不能不对抽象艺术有所了解。

先来看"抽象"的一般含义。

一，不具体，太笼统，细节不明确。

二，哲学范畴。指在认识上把事物的规定、属性、关系从复杂的整体中抽取出来的过程和结果。与"具体"相对。

在美术学里，"具体"表述为"具象"，因为"图象"之故。站在这种角度来看待问题，往往能收到事半功倍之效。

抽象艺术从"具象"的传统美学体系结构中脱颖而出，等于打开了一扇从未开启过的大闸门，创造了一片艺术的新天地。

因之抽象艺术，特别是抽象绘画，是现代艺术中一个非常突出的现象，其完全打破了艺术原来强调主题写实再现的局限，把艺术基本要素进行抽象的组合，创造出抽象的形式，因而突破了艺术必须具有可以辨认形象的藩篱，把艺术完全带到了艺术哲学的视域之中。

所有人都惊讶：原来艺术可以这样！

《光之间，第 559 号》　［俄］瓦西里·康定斯基　1931

《彩色三角形》 ［俄］瓦西里·康定斯基 1927

"抽象"一词的本义是指人在认识思维活动中对事物表象因素的舍弃和对本质因素的抽取。应用于美术领域，便有了抽象性艺术、抽象主义、抽象派等概念。

　　一般意义上说，抽象艺术是西方现代美术中特定的美术思潮和流派概念（可见，这一概念并不涵盖传统美术中具有"抽象因素"、"抽象手法"和"抽象样式"的美术）。在实际运用中，抽象性艺术的含义较宽泛，可以和具象艺术相对，概指西方现代艺术中各种具有抽象特性的艺术现象。而抽象主义和抽象派的含义较为狭义，特指抽象主义思潮及其流派。

　　号称"抽象绘画之父"的是瓦西里·康定斯基（1866—1944）。

　　康定斯基的身份背景比较复杂，他出生在俄罗斯，却是法国的著名画家和美术理论家。

　　康定斯基又曾是德国表现主义团体"蓝骑士"的领导者。

　　他在 1911 年所写的《论艺术的精神》、1912 年的《关于形式问题》、1923 年的《点、线到面》、1938 年的《论具体艺术》等论文，都是抽象艺术的经典著作，是现代抽象艺术的启示录。

　　康定斯基绘画代表作为《构成第四号（战争）》（1911，杜塞尔夫莱茵河西发里亚艺品收藏室收藏）、《构成第七号习作》（1913，莫斯科 Tretyakov 画廊收藏）、《光之间·第 599 号》。

《构成第四号》 ［俄］瓦西里·康定斯基 1911

作为抽象艺术的先行者，康定斯基绘画时并不以实物为原型，因此，想要看懂他的作品，必须要先了解画家的特殊语言，进入他创造的语境之中。

康定斯基所处的那个时代，最时髦的绘画，已经开始追求内心的展现和精神的记录。为了减少具体形象对观众的误导，画家一般会选择以抽象的几何符号和丰富的色彩来表现画作主题。

康定斯基对所有艺术都有很好的理解。他认为，如果将精神世界分成一个三角形，那么音乐便处于三角形的顶端，这也往往会让音乐成为精神世界的代表。

绘画虽然是视觉艺术，但可以通过思维变成听觉艺术。因此，康定斯基天才地把绘画作品看作一种视觉音响，是一种内心情感的容器。

《中间是绿色》 ［俄］瓦西里·康定斯基 1932

　　由是，我们在观赏康定斯基作品时，需要调动通感（亦称"联觉"），去"聆听"绘画。

　　康定斯基的"图像—声音—情感语言"颇具意趣。

　　比如，他认为黄色具有轻狂的感染力，如果人们持久注视着任何黄色的几何形状，便会感到心烦意乱，犹如刺耳的喇叭声。

　　又比如，他认为蓝色能唤起人们对纯净和超脱的渴望，当蓝色接近于黑色时，会表现出超脱人世的悲伤……蓝色越浅，也就越淡漠，给人以遥远和淡雅的印象，宛如高高的蓝天。在音乐中，淡蓝色像一只长笛，蓝色犹如一把大提琴，深蓝色好似低音提琴，最深的蓝色则可视为一架教堂里的管风琴。

　　再比如，他还认为红色能给人以力量、活力、决心和胜利的感觉，

《温凉》 ［俄］瓦西里・康定斯基 1924

像是乐队中的小号，嘹亮且高昂。

而朱红则是炽热奔腾的钢水，冷水一浇就会凝固，如果经过很好地配置，便会发出长号般的声音，或是鼓声那样的轰响。

绿色是黄色和蓝色的等量调和，两者互相抵消，维持着它特有的镇定和祥和。纯粹的绿色是平静的中音提琴。

紫色是由于掺入了蓝色而与人疏远的红，带有病态和衰败的性质，在音乐中，相当于一支英国管或是一组木管乐器的低沉音调。

暖红被黄色增强后就成了橙色，仿佛一位对自己力量深信不疑的人。在音乐中，橙色宛如教堂的钟声，或是浓厚的女低音，或是一把古老的小提琴所奏出的舒缓、宽广的声音。

白色像是一片毫无声息的静谧，在音乐中，是倏然打断旋律的停顿。但白色并不是死亡的沉寂，而是一种孕育着希望的平静，犹如生命诞生之前的虚无。

黑色的基调是毫无希望的沉寂，在音乐中，它被表现为深沉的、结束性的停顿，在这以后继续的旋律，仿佛是另一个世界的诞生。

抽象绘画是点、线、面的有机结合。每一个点都会产生两种音律变化，一种是点本身，一种是点的位置。点又构成了线，直线像是低音的喃喃细语，而随着线角度的变化，音律也会产生变换。线的宽度可以表示乐器的高低音，线的锐度可以表示声音的强弱，线的组合方式可以表现音调的变化。线的运动轨迹又组成了面，面的声响可以想象为一个音乐片段，点和线的结合构成了面的回响。

优美的旋律油然而生。

康定斯基貌似杂乱无章的画作背后，其实蕴含了艺术家多种艺术才华的巧妙调配，合理或不合理的色彩组合、色点的流动、线条的扩张以及平面的混合分割。

用听觉去欣赏康定斯基的作品，一定会收获满满并充满新奇。

而这，我以为也是欣赏抽象艺术的重要法门。

杰克逊·波洛克

如果我们将世界艺术之都的转移，比喻成一场革命的话，那么，美国画家杰克逊·波洛克（1912—1956）在这场"革命"中的地位，就相当于武昌起义中的蒋翊武。

杰克逊·波洛克仿佛是挣脱港湾那条船的船长，他的身后有一群年轻人，都急着要与古老的欧洲分道扬镳。

——他们居然成功了。

要知道，从 19 世纪末到 20 世纪上半叶，巴黎一直是令人神往的国际艺术大都会，它领导着人类艺术创新的潮流。印象派、野兽派、立体主义、超现实主义以及所谓的激进抽象派的大本营都聚集于此。

第二次世界大战结束之后，纽约与它的国家声望完全同步，抽象表现主义迅速崛起，开始踏上了取代巴黎的步伐。

谋划并领导这一艺术运动的人叫克雷蒙·格林伯格，一位艺术评论家。

克雷蒙·格林伯格成功地策划了这场叫作"抽象表现主义"的艺术运动。

杰克逊·波洛克是克雷蒙·格林伯格麾下的第一战将。

杰克逊·波洛克生于怀俄明州，后来于 1929 年移居纽约，在托马斯·哈特·本

顿门下学习。他从象征艺术上转移，并发展了一个在帆布上喷涂和滴颜料的绘画技术。他是 20 世纪美国抽象绘画的奠基人之一。他的作品被视为"二战"后新美国绘画的象征。

抽象表现主义运动奉行力量、行为、行动和自生性，参照印第安传统艺术和墨西哥伦理壁画，制作出幅面巨大、视觉冲击力极强的作品，以彰显他们与欧洲传统绘画的云泥之别。

抽象表现主义的画家非常幸运，他们得到了美国政府的支持与推崇。

严格来说，抽象表现主义就是一种先锋艺术。在大战的硝烟散去不久的时间点上，任何先锋艺术都能得到应有的重视。

——因为先锋，首先是一场思想的巨大冲击。

对于自由意识和自我意识的歌颂与赞美，政治家看到了过去种种画派从未有过的精进魅力，而那些为了利益敢上断头台的商人则看到了其中的经济活力。

画家在这两股力量的推动下，更加血脉偾张、勇立潮头，生生造就了一个人们从未听说过的艺术门类：美国艺术，或者说"当代艺术"。

波洛克的创作与众不同，完全率性而为。他先把画布钉在地板上或墙上，然后随意在画布上泼洒颜料，任其在画布上滴流，从而创造出纵横交错的抽象线条效果。波洛克有时还用石块、沙子、铁钉和碎玻璃掺入颜料在画布上摩擦。他摒弃了画家常用的绘画工具，绘画时摆脱受制于手腕、肘和肩的传统模式，行动即兴、随意，这种方法也被称为"行动绘画"。

当然，现在中国的艺术家也能非常熟练地运用波洛克的方法了。但我们用历史的眼光看，波洛克当时显得那么不可思议的绘画手法，就是一种石破天惊。

奇迹，往往产生于"天时地利人和"同频共振的那一瞬。

莫兰迪

我很喜欢莫兰迪。

不单是因为他的画，更是因为他画画时候的状态和他的人生追求。

在我的眼中，他似乎是一个画西洋画的禅者。他说：

"我本质上只是那种画静物的画家，只不过传出一点宁静和隐秘的气息而已。"

说说容易，但要做到这一点，实在不容易。

莫兰迪，1890 年生于意大利波洛尼亚，是著名的版画家、油画家，全名为乔治·莫兰迪（1890—1964）。

莫兰迪受过良好的艺术教育，1907 年入波洛尼亚美术学院学画，1930 年至 1956 年在该院教授版画。

用中国绘画史的方式来解读，莫兰迪仿佛是一个画僧，也是一个苦行僧。艺术是他的亲人，也是他的妻子、情人。

他孤寂一生，几乎没有离开过他的家乡波洛尼亚。他过着简朴的生活，淡泊名利，仅仅在意大利有过一些旅行。他唯一的一次出国是去苏黎世参观塞尚的画展。

在 20 世纪艺术的喧嚣大潮中，当其他的艺术家纷纷前往巴黎的时候，他则静静地在波洛尼亚格里扎那的工作室里，用智慧和想象构建自己的艺术世界。

他的故居现在对外开放。细心的中国访问者发现了莫兰迪收藏有 7 本与中国有关的书。

《花》 [意] 乔治·莫兰迪 1952

这些书大多是外文版的中国传统艺术研究文集，其中竟有一本蒲松龄的《聊斋志异》。

莫兰迪的绘画价值在于：

"不仅在于改变了传统静物画看待平凡物象的视角和审美态度，用超出寻常的持久热情来描绘卑微的静物，赋予它们只有人和壮美自然才具有的永恒感和宗教感，而且破除了西方传统绘画以人为中心题材设置艺术等级的观念，提示我们将生活中的平凡事物与伟大事物平等看待的价值观念，反思了静物画和风景画在西方绘画史中的特殊价值，给予现代主义艺术一种新的审美思路。"（高翔《空间的静观：乔尔乔·莫兰迪绘画研究》）

莫兰迪以高度个人化的特色脱颖而出，以娴熟的笔触和精妙的色彩阐释了事物的简约美。

他绘制的对象，往往是极其有限而简单的生活用具，以杯子、盘子、瓶子、盒子、罐子以及普通的生活场景入画。比如，把瓶子置入极其单纯的素描之中，以单纯、简洁的方式营造最和谐的气氛。平中见奇，以小见大。通过捕捉那些简单事物的精髓，捕捉那些熟悉的风景，他的作品流溢出一种单纯高雅、清新美妙、令人感到亲近的真诚。在立体派和印象派之间，他以形和色的巧妙妥协，创造了自己独特的画风。

如果我们仍然认定莫兰迪是画家中的禅者，那么，他的第一步，就是想方设法在日常生活中修行。

把日常生活里的坛坛罐罐，画得高端大气上档次，是美的极地。

莫兰迪色系是世界时尚圈里很流行的一种色彩关系，在色调上是饱和度低、淡雅的灰色调，比如灰粉色、灰蓝色等。现在大家把这些饱和度低、看起来宁静、亲切的颜色统称为莫兰迪色。

这种色调给人一种平和、舒缓、雅致的感觉，让人感受到一种静态的和谐美。

无论是色系还是静物绘画，莫兰迪给评论界、理论界留下的深刻印象还是"静观"两个字。

这里的"静观"，主要指一种人生观和世界观，它是人看待世界的方式，也是一种审美态度。这种审美态度，一般有以下特点：

一，相对超越现实，基本排除功利；

二，克服现实、真实的局限；

三，内心保持宁静和纯粹，主客观保持平衡，达到对世界、自然和社会的感悟。

严格来说，莫兰迪是一个"超级宅男"。正因为天天"宅"在家里，他便将绝大部分注意力放在了家中的瓶瓶罐罐上，将思考、审美与日常的物象结合。

这种"宅"，正是莫兰迪探索自己艺术风格的特殊道路。

有媒体称：

"莫兰迪身材高大，相貌英俊，却朴实而低调，在工作时总戴着一副眼镜，穿得像一个忙碌的工匠。他的朋友形容他是一个近视、正统、沉默寡言、乡土和谨守教规，还有点糊涂的人。"

朋友们这样描述他每天几乎有些刻板的生活：

"每天很有规律地散步，从封达扎公寓矮小的拱廊和赭石色的墙壁开始，沿着优美而别致的街道行走，穿过熙熙攘攘的市场，到大学旁边的波洛尼亚学院，然后返回。"

是不是有点像我们中国的隐士？！

为了能够宁静地倾听自然之音，莫兰迪果断地选择了孤独与寂寞。

除了读书散步之外，莫兰迪的主要任务，便是在封达扎的那个仅有9平米的工作室里，捕捉阳光。

"时间从更为人文的角度而言，也成了莫兰迪的一种'回忆'以及排解一切烦忧的方法。"（伯斯卡利）

而莫兰迪，由于与静止物象长时间地相遇与交流，他的画在自然之美之上，更有了一种宁静的思考，充满了魅力。

你认为他的静物，是超越现实的世外桃源也未尝不可，或许更加贴切。

米罗的画

胡安·米罗（1893—1983）的画，我们一家人都喜欢：我，我太太，我女儿，我女婿，我外孙和外孙女。

他之外，似乎还没有一个画家，能将我们一家人上下通吃的。

这说明了米罗超级强大，他的画如苍穹，可以笼罩四野。

米罗画中的世界，如同一个个万花筒，每个人都可能在其中找到自己想要的——各种期待。

他的超凡之处，并不在于他画什么，而是他的作品有耽于幻想的种种状态。

我注意到在中国，从幼儿园到大学，各个年龄段的人，都在学习米罗的画，都在探索米罗画中的奥秘。

他笔下的有机物和野兽，甚至那无生命的物体，都有一种热情的活力，使人们觉得比日常所见到的更为真实。

那种梦和情怀，总能触动每个人的心扉。

他的超现实主义绘画具有鲜明的个人风格：

那是简略的形状，那是强调笔触的点法，那是精心安排的背景环境，合成奇思遐想，传递出幽默风趣和清新明快的感觉。

《宴会》 〔西〕胡安·米罗 1954

《无题》 〔西〕胡安·米罗 1965

《女诗人》 ［西］胡安·米罗 1940

《壁画》 ［西］胡安·米罗 1950—1951

　　他的画，似乎在东方世界很难找到同类，如果一定要类比，那么我觉得与我们的庄子、李白相当近似，只不过一是文章，一是诗歌，一是美术作品罢了。

　　"殊途同归"一词，放在这一类比中好像还算妥帖。

　　米罗的另一个显著特点是画面符号化。

　　符号是人类无言的交际系统工具。在语言阻隔严重的情况下，符号是通往异乡的通行证。

　　猎人穿上一件红衬衣，可以免受枪击；海盗在船上扯起一面黑旗，便可以照知同僚，不至误会；战争时在房顶上画一个红十字，可以避过轰炸……

　　人类对于符号，古往今来就有依赖。

　　米罗绘制的"拼贴画"，到处都是"符号"的影子。

　　符号有使观众不可抗拒的魔力。

　　仔细观察，他的画中其实并没有什么刻意的形，而只有一些形的成分，一些形的胚胎，一些类似小孩子在墙上乱涂乱画的原始形状，类似原始人在山崖上刻下的标记。

这其实是一个绘画界完全陌生的领域。

人们发现，1933 年的夏天，米罗在他的住处不断地摆弄着明信片。

他将数学基础理论融进各种符号的布局中，在明信片与拼贴的砂纸之间找到一条"自以为是"的创作路径。

据美术史论家考证，米罗这样做有三个目的：

一是为了恶作剧；

二是为了让人看见后感到惊讶；

三是为了做出"感情流行的标识"。

这三个我们看起来觉得不可思议的创作目的，居然让米罗成功了！

天哪！谁还能怀疑"运气"的巨大魔力呢？

除却童心、符号之外，米罗还用色彩来书写诗意。

米罗的画看起来似乎五光十色、斑斓夺目，其实他很执拗地只使用几种基本色：蓝、红、黄、绿、黑。

他看好的颜色，不会铺张，一定精打细算地使用；而不入法眼的颜色，一定不去染指。

五种基本色创造了米罗的缤纷世界，使得他的画看起来单纯、干净。

他看似漫不经心地用笔画，在画布上自由弯曲、伸展、游动，好像丝毫没有去考虑它们之间的相互关系以及空间深度等绘画语言的基本要求。

血红色或古蓝色的各式形状，散布在深浅不同的背景上，大小相间着的黑点、黑团、黑块，像爆炸四溅的宇宙流星。

这些假装漫不经心似乎乱涂出来的稚拙形状，又仿佛是被铁丝缠得乱七八糟的胚胎，似鬼魂、石珊瑚、活动的变形虫，各种针头线脑，等等。

它们共同构成一个反复无常的世界，一个让人忍俊不禁的世界，

《两幅彩色平板印刷》　[西]胡安·米罗　1965

一个幽默且稍稍偏向滑稽的世界，一个多彩多姿的梦幻世界。

而这些个世界，正是单单属于米罗的世界。

以梦为马的夏加尔

马克·夏加尔（1887—1985）的身世，很苦。

苦到一般人难以想象。

因为他是犹太人，所以他从小就受到了来自社会的种种歧视。

因为他是白俄罗斯人，却又长期在法国生活，所以我们可以认为他是一个"乡愁满满"的人。

当然，我们还可以认为，他是现代绘画史上的行吟诗人，游离于印象派、立体派、抽象表现主义、超现实主义之间的伟大艺术家。

同时，他又是一个在画布上做梦和描绘童话的大小人。

毕加索曾说：

"当夏加尔作画时，你永远不明白他是不是在做着梦。在他身旁或脑海中住着一个天使。"

其实，对夏加尔来说，这两者大概是同时存在的。

一个天使在做梦，或者梦中始终有个天使。同时陪伴身边的还有他的家乡。不管走到哪里，他都随身携带着它——他故乡的村庄。

很神奇也很神秘的是，这个男人始终保有童真、天真，有着孩童般的眼睛和心。

同时，他也跟孩子一样，喜欢描绘动物，其他诸如天使、小提琴、钟表、马戏团演员和村庄都是他画作中出现最多的形象。

当然，还有那些飞翔在梦境中的甜蜜爱侣。

我猜想，夏加尔前行的澎湃动力在于：

这个世界亏待我，所以我必须

《窗外的巴黎》 ［俄］马克·夏加尔 1913

《小提琴手》 [俄]马克·夏加
尔 1912—1913

《我和我的村庄》 [俄]马克·夏加
尔 1911

创造另一个宠爱我的世界。

夏加尔在巴黎的创作，始终将故乡当作贴身的行囊背在身上。他说：

> "即使来到巴黎，
>
> 我的鞋上仍沾着俄罗斯的泥土；
>
> 在迢迢千里外的异乡，
>
> 从我意识里伸出的那只脚
>
> 使我仍然站在滋养过我的土地上，
>
> 我不能也无法
>
> 把俄罗斯的泥土从我的鞋上掸掉。"

夏加尔对故土的态度，不是"在心平气和中回忆的"，而是充满恐惧，充满怨恨。

是的，种族歧视让他——这个来自边远小镇的人，甚至失去了去圣彼得堡的资格。

这种"乡愁"的滋味，肯定另类，肯定"别出心裁"。

正是这种另类的"乡愁"，让夏加尔创造出了一个又一个"人间天堂"。

他带着他的梦，和他喜欢的牛羊，生活在绿草茵茵的高山牧场上。

在他的理想世界里，国境线渐行渐远。

夏加尔想象自己代表着所有犹太人，他以美术创作为武器，来反抗社会上当时普遍存在的种族歧视。

在巴黎的 4 年是夏加尔创作的黄金时期，这期间夏加尔著名的作品有《我和我的村庄》《小提琴手》和《窗外的巴黎》等。

在这些作品中，他都在倾吐一个异乡人的内心冲突——

在故乡和巴黎之间、在幻想和现实之间、在传统和创新之间。

他在自己创作的美术作品里，一点点、一点点地挽回了被时代剥夺的基本人权。

在他的美术作品中的人物，个个是超人：他们可以像热气球那样飘过房顶，也可以轻松地一步就跨越一个村庄。

他作品中的人物，可以随着绿色小提琴演奏出来的旋律翩翩起舞，在遇上心仪的姑娘后，还能让整个环境（无论是城市还是乡镇）全然昏睡，他和她则牵着手，在环境的上空尽情追逐或嬉闹。

他画中的人物，是金庸笔下的"侠客"，是"成年人的童话"。

一切的一切，都为他的人物让路。

尽管夏加尔的画作充满着各种隐喻和象征，带着强烈的宗教感情，所描绘的内容也近乎梦幻，但他本人却反对这样的说法：

"我反对'幻想''象征'这类辞藻。

我们的内部世界完全是现实，或许比我们眼中所看到的世界更现实。"

有人这样评价夏加尔：

"因为他整个童年都是在十字架上度过的，对还活着感到惊叹不已。"

夏加尔，也因为不屈，因为他的以梦为马，还因为他的不懈坚持，昂首走进了世界美术史的殿堂。

马克斯·恩斯特

一幅画向我们走来。

这幅画的名字叫《被一只夜莺威胁着的两个儿童》，画作者叫马克斯·恩斯特（1891—1976）。

正是这幅作品，被认为圆满地完成了超现实主义的使命。

那么，是什么原因让这样一幅作品担负着如此重任呢？

首先，我们必须了解一个心理学名词：非理性惊慌。

非理性惊慌也叫非理性恐惧。

这是个体经历的一种恐惧，这种恐惧的背后不一定有任何基础，身高、昆虫、失败和其他事情都可能成为恐惧的来源。许多人为了克服这种恐惧，不得不寻求专业帮助。

非理性恐惧似乎没有任何根据。

登高、看牙医等都可能引起非理性恐惧。

日常生活中，这种类型的恐惧不一定是由特定的事件引起的。许多遭受这种恐惧的人，能够意识到他们的恐惧程度是过度的，但通常不知道他们为什么会有这种恐惧。

《被一只夜莺威胁着的两个儿童》　［德］马克斯·恩斯特　1924

当全人类对于这种心理疾病还茫然无知时，马克斯·恩斯特却出人意料地将它呈现在了画布上，并将这幅画命名为《被一只夜莺威胁着的两个儿童》。

这幅作品中，被飞鸟吓坏的那个女孩挥舞着一把刀，而另一个女孩则晕倒在地，怀抱一个婴儿的男人在屋顶上一只脚站立着。这个小屋是画面上的一个三维的补充物、门还有按钮等几个不同种类的元素以及平面与立体的组合。

这种组合，表面上看似乎是艺术家的"率性而为"，其实拓展了由于"有条理地置换"而受到恩斯特推崇的拼贴画技巧。

马克斯·恩斯特相信："谈论拼贴画便是在谈论无理性。"即便这个场景完全是油彩画出来的假象，它描绘的虚幻世界还是会引起人们的种种幻觉。实际上，恩斯特这一时期的作品确实与儿时的记忆或梦幻有着联系。

比如，画面上那个门铃，也只有在梦中才会变得那样夸张。

马克斯·恩斯特玩着"物体移位"（拼贴画）的游戏且玩得乐此不疲，甚至无意间踏进了心理学领地。

在作品里，马克斯·恩斯特完全从老欧洲的传统价值观中脱离了出来。其实，他的这种离经叛道很早便已开始。他后来描述自己的青年时代时说，他避免"任何可能使自己仅仅为面包而不得不面对的学业"，而偏爱"在教授眼中毫无用处的东西——其中最主要的就是绘画。其他无用的追求还有：阅读有煽动性的哲学家的作品和非正统诗歌"。

"美，必须是使人震动的，"诗人兼艺术评论家安德烈·布列顿这样写道，"否则它就不再成其为美了。"

的确，马克斯·恩斯特的作品总是让观众产生错觉：既在画面之内，又在画面之外。

这位天才画家似乎专为创造我们在梦里所熟悉的知觉而生，而在此前，这种知觉从来就没有在美术作品中表现过。

当一般观众对马克斯·恩斯特的作品嗤之以鼻时，还是有人能够一眼看到其画作的奥妙所在。

安德烈·布列顿对马克斯·恩斯特就赞赏有加，他强调指出：

"在恩斯特的作品中没有什么东西是不能在观看者的亲身经历中找得到的，不过它们使我们所有的参照系失效，因此我们便不再能从我们自己的记忆中找到我们的出路。"

在安德烈·布列顿的不断推动下，起初不怎么被人接受的马克斯·恩斯特越来越受到更多人的重视，成为"诗人中的诗人，画家中的画家，是一个能把握时间的多方面的发明家"。

在超现实主义的作家眼里，马克斯·恩斯特给艺术带来了新的开端和前所未有的声誉。

他让我们内心深处的情感有了可视性。

"他让我们的经验去承担风险。"（布列顿）

"马一角"和"夏半边"

《松风楼观图》 南宋 马远

这是中国山水画史上的两朵奇葩。

一幅画上，要么偏于一角，最多也就画出"半边"。

这对于中国画全景式山水构图，简直是莫大的讽刺。

"马一角"是马远。

南宋初年，国难频仍，朝廷刚从北方的开封迁到南方的临安（今杭州）。

百废待兴，谁能顾得上画画的人呢？

马远的师父，著名的大画家李唐也到临安来了。

但大名鼎鼎的李唐照样不受待见，于是写了一首诗表达心情，诗云：

> 云里烟村雾里滩，
> 看之容易作之难。
> 早知不入时人眼，
> 多买燕脂画牡丹。

一个画家的作品得不到社会赏识之时，心情自然而然沮丧。

还好，宋高宗没有完全忘记他老爸的文艺爱好，在千难万难中恢复了画院。李唐在这一皇家艺术机构里找到了自己的位置。

李唐的徒弟马远、夏圭自然也跟着师父在画院里画画。

于是，中国美术史上的"南宋四大家"（或称"南宋画院四大家"）脱颖而出。他们是：

李唐、刘松年、马远、夏圭。

对，除刘松年外，其余三大家都是李唐师徒——"梦之队"呵。

马远和夏圭画山水，为什么只画"一角"，只画"半边"呢？

中国美术史或山水画史，基本上是一个调调，认为南宋偏于一隅，马远和夏圭不忘故国，以"一角""半边"的构图表达爱国情怀。

我们知道，到北宋时期，中国的山水画已经达到相对完备的境界，全景式山水构图已经非常成熟，技法也更具视觉表现力。

如果仅仅是表达情怀，那马远和夏圭与"南宋四大家"还有一定距离。

画家能在中国美术史或山水画

《溪山清远图》 南宋 夏圭

史上留下一笔，一定在专业上有突出贡献。

　　北宋山水把皴法和晕染融为一种笔法来刻画山水的质地，同时还能表现出不同时间的变化。而到了南宋，全景式山水逐渐演变成一种更自然和生活化的边角山水，由繁入简，由整体到局部，由宏大到诗意，在笔墨表现上也更突出墨法的表现力。南宋时期流行"半边"或"一角"的构图方式，当时任职画院的马远作画多偏于画"一角"，而同在画院的夏圭则多做边角之景。

　　能够成为南宋画坛大家，马远也罢，夏圭也罢，自然不仅仅是"一角"或"半边"，他们对中国山水画的技法贡献，也不容小觑。

　　比如，马远，把"小斧劈皴"发展成了"大斧劈皴"。而夏圭，则尽量使用"减笔法"，将画名"诗意化"，如他的系列画《山水十二景》，分别取名为《遥山书雁》《溪

山清远》《烟村归渡》《渔笛清幽》《烟堤晚泊》等，以淡
墨画之，尽显江南的诗情画意。

故，有了"马一角""夏半边"，再加上他们的师父李唐，
南宋画在北宋画的基础上，开始由自然外境转入内心意境，
有自己的独特面貌，在中国山水画史中独立了起来。

换句话说，马远在传统绘画技法上有了新的突破，而夏
圭则在传统绘画美学上融入了新的元素。

由是，南宋之后的画家，才得以更加从容地行走在自然
山水的诗意之中。

之所以南宋会出现"马一角"和"夏半边"，画家的生
存空间当然是一大原因，但他们共同的师父——李唐的示范
作用，亦不可或缺。

李唐这个人应该是很有魅力的。

且说北宋被金灭了之后，李唐也在万般无奈之下，与

《万壑松风图》　南宋　李唐

千千万万逃亡者一样，从开封逃往杭州。

太行山中，李唐遇见了强盗萧照。不知道什么原因，反正李唐没有被抢，也没有受什么罪，反而萧照遇到李唐后，强盗也不做了，拜在李唐门下，一心一意跟着李唐学画去了。

日后，萧照也成了南宋画坛的一位名家。我在台北故宫博物院看过萧照的《山腰楼观图》，不但小斧劈皴用得纯熟自如，而且在章法布局方面也有新的突破：原来走中轴线的构图，萧照改成了中分线布局，或左或右分别展开。

不知道是不是他的强盗生涯予以的启迪?

李唐，由于襟带两宋，又由于长期生活在北方，晚年又生活在南方，故成了中国绘画史上立交桥式的连接人物。

一般认为，李唐的《万壑松风图》代表北宋，代表中国北方；他的《云里烟村雨里滩》则代表南宋，代表中国南方。

我对李唐在画面上"留白"的功夫十分赞叹。

"留白"是中国哲学的一种"独门秘籍"，中国画的大家，基本上都悟到了"留白"有"空纳万境"的道理。

而李唐，显然明了：

空白，是时间与空间以及万物的起点或终点！

《泼墨仙人图》

看宋画，南宋梁楷的那幅《泼墨仙人图》，是绕不过去的存在。

这是一幅水墨人物画，现收藏于台北故宫博物院。

"泼墨"是一个汉语词语，也是中国画的一种画法，是指将墨挥洒在纸或绢上。墨如泼出，画面气势奔放。"仙人"用"泼墨"的形式来表达，要有多大的思想爆发力才能做到？

《泼墨仙人图》的出现，至少让中国画在以下方面有了重大突破。

第一种突破是开始用泼墨的形式来创作写意画，尤其是写意人物。

《泼墨仙人图》画面上的形象是一位袒胸露怀的"仙人"，宽衣大肚，步履蹒跚，憨态可掬，像是行走在云雾之中。其脸部的眉、眼、鼻、嘴拥成一团，下巴胡子邋遢，似乎形象很猥琐，但仔细品鉴，却是尽脱俗相、傲骨透出、仙气飘飘。

一般人画"僧道"，总一个"装"字难得去掉，要么神神道道，作高深状，不食人间烟火；要么绝不出山，耕云钓雨，换取万世名节。

我印象中，《泼墨仙人图》应该是现存最早的一幅泼墨写意人物画。

它的核心价值在于：

体现了对传统线型经典语言的背离，完成了墨象语言的真正独立。

第二种突破是工笔、简笔齐头并进，并大胆让简笔唱主角。

敢于这样做，一定是一个无视"规矩"的人。

地行不識名和姓
大似高陽一酒徒
應筆硯昔曾娛戲
尚樱淋漓襟袖糊

《泼墨仙人图》　南宋　梁楷

当然，能画出《泼墨仙人图》这样画的人，一定也是"奇葩"无疑。

查之，果然。

梁楷，南宋人，生卒年不详，祖籍山东，南渡后流寓钱塘（今杭州）。他曾于南宋宁宗时担任画院待诏，是一个性格相当特异的画家，善画山水、佛道、鬼神，师法贾师古，而且青出于蓝。

我想梁楷一定还"好酒"。

又一查，果然。

据画史记载：梁楷为人不拘小节，好酒，自得其乐、狂放不羁，且任性高傲，在艺术上有自己的创见，不肯随波逐流，因而有"梁疯子"之称。

《泼墨仙人图》，可以说是梁楷与宫廷画院画风决绝之后，自辟蹊径、独树一帜之杰作。画面上的仙人除面目、胸部用细笔勾出神态外，其他部位皆用阔笔横涂竖扫，笔笔酣畅、墨色淋漓、豪放不羁，如入无人之境。

梁楷在构造人物形象时，有意夸张其头额部分。头额几乎占去面部的多半，而把五官挤在下部很小的面积上，垂眉细眼、扁鼻撇嘴，既显得醉态可掬，却又诙谐滑稽，令人发笑。《泼墨仙人图》以生动的形象表现了作者的思想境界和生命态度，极尽嬉笑怒骂之态。

正如同汤显祖"独爱"《牡丹亭》一样，"得意处唯在《牡丹》"。梁楷的得意之作，肯定也是《泼墨仙人图》。

《泼墨仙人图》体现出一种正大的好，外表粗鄙而内核浩荡，岸芷汀兰亦长天孤鹜，像极了《红楼梦》里面那唱《好了歌》的僧人或道士。

梁楷传世的作品有《六祖斫竹图》《李白行吟图》《泼墨仙人图》等，但以《泼墨仙人图》最为有名。

应该说，梁楷所画的，不是"仙人"，而是他自己的真实写照。

梁楷在画院里，经常有惊世骇俗之举。

比如，他深入体察所画人物的精神特征，以简练的笔墨表现出人物的音容笑貌，以简洁的笔墨准确地抓取事物的本质特征，充分地传达出了画家的感情，从而把写意画推入一个新的高度，使时人耳目为之一新。

中国美术史认为，宋代梁楷、明代徐渭分别开启了大写意人物、花鸟画的先河。

再比如，梁楷虽为画家，却不拘法度、放浪形骸，与妙峰、智愚和尚交往甚密，虽非僧，却喜擅禅画。禅宗约起于公元 520 年，到唐代已成气候，分南北两宗。唐高僧慧能为禅宗六祖，主顿悟说，为南宗之祖师。南禅之说，强调佛祖在人心，喝水担柴，都能悟道。所有的宗教仪式毫无价值，人们不需要诵经，便可以一种超知识的状态与"绝对精神"或"真理"沟通，这是一种自然深奥的抽象体验。

"六祖斫竹"表现的就是慧能在劈竹的过程中"无物于物，故能齐于物；无智于智，故能运于智"的基本理论。于梁楷而言，《六祖斫竹图》是其中年以后的作品，笔墨极为粗率，笔笔见形，笔路起倒，峰回路转，穿插点染；欲树即树，欲石即石，"心之溢荡，恍惚仿佛，出入无间"。梁楷似乎也参禅入画，视画非画了。

《六祖斫竹图》一如他的其他人物画，简单、概括，也很生动。这三者都能体现在他的用笔上。

梁楷画中喜用险笔，起粗落细，急缓轻重，随意自然，笔笔交待，变化多端。且他的画中始终有一种意念贯穿，此念意深澹远，故能平复笔墨的运动变化。读梁楷的画，可以得到一种笔墨体验，也可以得到一种心境的体验，更可以得到一种禅意的体验。

我很想在佛教里找到一个可以与梁楷相比照的人物，想来想去，觉得在庐山东林寺里七年如一日"钻研群经、斟酌杂论"的竺道生有得一比。

竺道生于佛教最大的贡献是，他在前禅宗时代就提出了"顿悟"理论。

王蒙《青卞隐居图》

《青卞隐居图》，王蒙绘，现藏于上海博物馆。

我是看到这五个字的画名，才注意到这幅画的。

青卞，地名；隐居，生活方式；图，画也。

全然一首诗名，一篇短札名，还有颜色名。

我脑海里可以与青联系的颜色，排在前面的是"草色"。

小时候，稀里糊涂地背诵韩愈的那首诗《早春呈水部张十八员外（其一）》：

> 天街小雨润如酥，
>
> 草色遥看近却无。
>
> 最是一年春好处，
>
> 绝胜烟柳满皇都。

总是不能深刻地去理解"草色"两个字，直到我18岁那年上了庐山。仿佛韩愈这首诗是在庐山顶上的某个"草庐"里写就的。

王蒙（1301—1385），元末明初画家，字叔明，号黄鹤山樵、香光居士，吴兴（今浙江湖州）人。外祖父赵孟頫、外祖母管道升、舅父赵雍、表弟赵彦徵都是著名画家。王蒙的山水画受到赵孟頫的直接影响，后来师法王维、董源、巨然等人，综合出新风格。

王蒙是浙江人，元末弃官隐居余杭黄鹤山，自号黄鹤山樵。他因案子所累，死于狱中。他强文博记，擅长诗文、书法和绘画，尤擅山水。他的画纵逸多姿，逾越松雪（赵孟頫）规格，变古创法，自立门户。他生平罕用绢素，以纸抒写，写景多稠密，得意之笔，尝用数家皴法，多至数十重，树木不下数十种。他笔下的山水径路迂回、烟雾微茫，曲尽山林幽致，善用解索皴和渴墨点苔，表现林峦郁茂苍茫的气氛，尤有独到之处。

王蒙与黄公望、吴镇、倪瓒合称为"元四家"，他们对明清及近代山水画影响很大。王蒙的传世作品有：《青卞隐居图》轴，现藏于上海博物馆；《夏日山居图》轴，图录于《中国名画宝鉴》；《秋山草堂图》轴，图录于《故宫名画三百种》；《花溪渔隐图》轴，图录于《中国历代名画集》等。

《青卞隐居图》描绘了画家故乡

《青卞隐居图》　元代　王蒙

卞山的苍茫景色。画面中，山上树木茂密苍郁、溪流回环，景色清幽，隐士行居其间。画法先以淡墨勾皴，而后施浓墨，再用焦墨皴擦，使得画面不迫不塞，元气淋漓，气势磅礴，创造了线繁点密、苍茫深厚的新风格。

草色，覆盖在乡间山野里的地衣，使这块地还有生命的迹象。

如果我们想细细品味《青卞隐居图》，先要做一点功课：

一，最好购得一幅仿真版的《青卞隐居图》，在自家室内自由悬挂；

二，到离城镇远些的地方；

三，室内最好有音乐，中国古典音乐可以听古琴曲，西方音乐听舒伯特；

四，一人独享，四下无人；

五，点一支檀香；

六，品味前半小时要将自己的心态调整为一个隐居者。

这幅画的妙处，在于以简单的线型勾勒出磅礴恢宏的气势，用笔以快、重、急、爽利为特点，锋毫微妙变化，都形成了曲直轻重、缓急等状态。线条质感的运用，在于画家情感的表达，或老笔纷披，或润笔掩映，将生命注于笔端，逸气也注于笔端。

气与势，在山间、在树间、在云间交错往复，纠结成无穷尽的梦魇。

有网友在朋友圈留言："习山水画者，必临《青卞隐居图》。山、树之笔法、皴法、墨法，树形姿态很丰富，是学画之宝典。"

显然，这是行家之语，深以为然。

《青卞隐居图》的用笔还有一个显著特点就是曲律用笔。此笔法是披麻皴的变体，在描绘江南地貌的同时，也表达了画家焦虑的心情。

有人认为，王蒙继承了赵孟頫的"以书入画"用笔，用树的轮廓线确定了这些形象的刚、柔、秀、雅。

"以书入画"四个字，是中国绘画美学的核心要义。用书法笔法画画，有两大要领：

一是讲究运动当中的造型变化；

二是讲究"形势"。

"形"是空间，"势"是时间。书法要在时间流动中见造型，以期达到时间与空间的统一：相反、相成或相生。

　　而"书"一旦入了"画"，便要求画面呈流动之态，是云行，是水流，是花开花落，是"草色"的"遥看"。

　　郭熙在《林泉高致》中论山水画，提出了山水画要有"可望""可游""可居"这三重境界。

　　我看唐宋及至元明清的中国山水画家，大抵是遵循了"三可"原则的，他们尽可能在山水中造"境"，多的，一幅画中三重境界都有，最少也要体现一到两重境界。如果一重境界都没有达到，那就不是严格意义上的"山水画"了。

　　有学者认为，"可望"对应的是"造型"，"可游"对应的是"时间性"，"可居"对应的是"空间幻觉"。

　　如果完全这样"对应"，则是我们"挖了个坑"，让我们的先人们往下跳了。

　　画坛先人们的想法没有那么复杂，他们只是想如何造"势"，让形势更加强大，让气势更为明朗而已。

　　《青卞隐居图》以披麻皴、解索皴、牛毛皴为主，三者交替互用。作披麻皴时，运笔多带平行、快速爽利，行笔松动，给人略有飘浮的感觉。这一皴法大都用在画面顶部的山峰，由于笔法的轻盈、矾头的蠕动，因而给人一种气如云动、山岚飘浮的景象，同时，不安定的感受也跃然纸面。

　　最为突出的是，"形"与"势"都有了"痕迹"。

　　从德安车桥"义门陈"大家族里走出去的宋人陈仲微说：

　　"禄饵可以钓天下之中才，而不可啖尝天下之豪杰；名航可以载天下之猥士，而不可以陆沉天下之英雄。"

　　"青史几番春梦，红尘多少奇才。不须计较与安排，领取而今现在。"（朱敦儒《西江月·日日深杯酒满》）

　　领取《青卞隐居图》的"而今现在"，是中国山水画家的刚需。

　　《青卞隐居图》的重大价值，在于它的气象万千，在于它的超言离相。

陈少梅的《小孤山》

不知道有多少人去过小孤山，反正我去过，去过两次。

在安徽省宿松县境内的长江边上。

陈少梅画的《小孤山》，比相机镜头里的小孤山还要像我心目中的小孤山。

构图有点像元代钱选的《浮玉山居图》。

《浮玉山居图》画法较为独特，构图也很别致，既不似北宋的大山大水，也不是南宋的边角小景，也非一般的平远山林。它将山势走向置于横带状的中景部位，远山近树同样被实实在在地描绘出来，无虚实之分。

我最初对小孤山的印象，来自宋代苏轼的词《李思训画长江绝岛图》：

"山苍苍，水茫茫，大孤小孤江中央。崖崩路绝猿鸟去，

《小孤山》 近代 陈少梅 1953

惟有乔木挽天长。客舟何处来？棹歌中流声抑扬。

沙平风软望不到，孤山久与船低昂。峨峨两烟鬟，晓镜开新妆。舟中贾客莫漫狂，小姑前年嫁彭郎。"

把大孤山、小孤山当成两个妙龄女子，而且是姐妹俩，不能不让人浮想联翩。这就是苏东坡的厉害之处了。

佩服！

先把李思训其人介绍清楚——

李思训是唐朝宗室，我国"北宗"山水画的创始人，开元间官至右武卫大将军，新、旧《唐书》均有传。

陕西蒲城县有"李思训碑"，为中国著名书法碑刻。公元720年立，李邕撰文并书。

李思训的山水画被中国山水画史称为"李将军山水"。

《浮玉山居图》（局部） 元代 钱选

他曾在江都（今属江苏扬州）、益州（今四川成都）做过官，从扬州到成都，那时只有水路最为便捷。

长江，显然是唐宋中国最长、最宽阔的"高速路"。小孤山，像是上苍安放在"路"中间的一座天然雕塑、一个标志，或像一块巨大的"广告牌"，路过的就绝对看过，看过了就绝对不会忘记。

李思训看过了，他没有相机，但他会画画，于是便用画笔为我们记录下来了。

苏东坡先生肯定也看过小孤山，不仅看过实景，还看过李思训的画。

于是，中国山水画史上的一卷名作应运而生。

唐朝人画的画，宋朝人题的跋。他们仿佛穿越时空隧道，共同完成一件作品。

苏东坡先生太有名了，不需要专门介绍。我们这里仅讨论他的《李思训画长江绝岛图》一诗。

　　去过小孤山的人就知道，《长江绝岛图》不是对景写生，画中景色也是经过画家灵敏的眼光取舍的。与向壁虚构，或对前人山水的临摹不同，诗中所叙的"大孤小孤"，大孤山在今九江市东南鄱阳湖中，四面洪涛、孤峰挺峙；小孤山在今江西彭泽县北、安徽宿松县东南的大江中，屹立中流。两山遥遥相对。

　　"崖崩路绝猿鸟去，惟有乔木搀天长"两句，极写山势之险峻，乔木之苍然，是为画面最惹眼的中心。"客舟何处来"及以下三句，写画中小船，直如诗人身在画境之中，忽闻棹歌，不觉船之骤至。更进一步，诗人俨然进入了小舟之中，亲自体会着船在江上低昂浮泛之势。诗人曾有《出颍口初见淮山是日至寿州》一律，其颔联"长淮忽迷天远近，青山久与船低昂"，和第七句"波平风软望不到"，与这首诗的"沙平风软望不到，孤山久与船低昂"两句，上下只改动了两个字，可见这两句是他舟行时亲身体会而获的得意之句，不觉重又用于这首题画诗上。至此，画面上所见的已完全写毕，照一般题画诗的惯例，应该是发表点评价，或对画上的景物发点感叹了，但苏轼却异军突起地用了一个特别的结束法，引入了有关画中风景的当地民间传说，使诗篇更加余音袅袅。

小孤山状如女子的发髻，故俗名髻山。小孤山又讹音作小姑山，山所在的附近江岸有澎浪矶，民间将"澎浪"谐转为"彭郎"，说彭郎是小姑的夫婿。南唐时，陈致雍曾有请改大姑、小姑庙中妇女神像的奏疏，吴曾《能改斋漫录》中载有此事，可见民间流传的神话故事已定型为一种神祇的祀典。苏轼将江面和湖面喻为"晓镜"，将大、小孤山比作在晓镜里梳妆的女子的发髻，正是从民间故事而来。"舟中贾客莫漫狂，小姑前年嫁彭郎"两句，与画中"客舟"呼应，遂使画中事物和民间故事融成一体，以当地的民间故事丰富了画境，实际上是对李思训作品的肯定。然这一肯定并不露痕迹，无怪清人方东树《昭昧詹言》评此诗时，称其"神完气足，遒转空妙"。"空妙"的品评，对诗的结尾，可谓贴切之至。

有远望，有近观，还有沉浸式的船在江中的颠簸感，加上一些民间想象，苏轼的这首题画诗，便生动有趣了起来。

终于要说到"本主"陈少梅了。

陈少梅（1909—1954），名云彰，又名云鹑，号升湖，字少梅，以字行，生于湖南衡山的一个书香之家，现代画家。自幼随父学习书画诗文，深受中国传统文化的熏陶。他 15 岁加入金北楼、陈师曾等发起组织的"中国画学研究会"，17 岁成为名噪一时的"湖社画会"之骨干，22 岁主持"湖社天津分会"，成为津门画坛领袖。1930 年，他的作品获"比利

陈少梅

时建国百年国际博览会"美术银奖,以后开始在画坛崭露头角,成为京津一带颇有影响的画家。新中国成立后,他任中国美术家协会天津分会主席、天津美术学校校长。

《小姑山》为陈少梅1953年所作,画中圆如樵髻的小姑山屹立江心,半山有小姑庙,山顶有梳妆亭,右有彭郎矶与之呼应,仿佛他在作画时脑际始终萦回着民间关于小姑与彭郎的传说。

他用墨赭细笔勾皴山石,以花青细笔密点丛树,山石尽以赭石染出,画法新颖,画风明净,极富装饰趣味。这些艺术处理手法,和陈少梅在20世纪40年代的作品有一定的联系,但整个情调却比他的《西园雅集》和《桃花源诗意长卷》更加亲切温馨,因为它来自作者自己的生活感受,来自作者自己对美的发现,是他自己独到的艺术符号。

空濛美,在画作中体现得淋漓尽致。有如"潮打空城寂寞回";有如"西风残照,汉家陵阙";有如"白云千载空悠悠";有如"槛外长江空自流"。

千年万年,时时刻刻,被长江水浸泡着、冲刷着,怎能还是这副模样?

每每看到陈少梅的《小孤山》，总会想起孟浩然那首《与诸子登岘山》中的：

"人事有代谢，往来成古今。

江山留胜迹，我辈复登临。"

陈少梅先生只活了短短 45 年，太可惜了。

第四篇

笔韵与雕艺

书法的内四法·笔法

书法有法：内法和外法。

笔法、字法、墨法、章法称内法，也称内四法。

外法包括生命之法、境界之法和精神之法。

内法和外法相加，共有七法。

此七种基本法则，窃以为书法者和评论者应当熟知。

书法家尤其要熟知。

我们知道，书法写到一定程度，必须超越技法，成为直指心性的文化审美形式，从中展现出生命的境界和哲学的意蕴。

由是，真正的书法作品，不会仅仅满足于技法。

有为的书法家都是在"技进乎道"的历练修为中去追求宇宙大化的心性价值。

但，技法又是必不可少的。不会走路的人永远成不了舞蹈家。

笔法是书法的基本表现手段，还是汉字书写的执笔、运腕技巧。

由是笔法又分为执笔法和运腕法。

一、执笔法

目前，常见的执笔法还是采用唐人陆希声的所谓"五字执笔法"：撅、押、钩、格、抵。

撅：执笔指法之一，指"五字执笔法"中大指的作用。撅，即指按之意。以大指骨上节出力紧贴笔管内侧，略斜而仰。如吹笛时以指撅住笛孔一般。

押：执笔指法之一，亦作压，指"五字执笔法"中食指的作用。押有约束、管束之意。用食指第一指节斜而俯地出力，贴住笔管的外侧，位置和大指内外相当，和大指相对地配合一起，约束住笔管。

钩：执笔指法之一，指"五字执笔法"中中指的作用。在大指和食指将笔管约束住的情况下，再以中指的第一、第二两个指节弯曲如钩，钩住笔管的外侧。

格：执笔指法之一，指"五字执笔法"中无名指的作用。格有挡住之意。无名指用指甲和肉相接处紧贴笔管，用力将中指钩向内的笔管挡住。此动作亦称"揭"，揭有挡住和往外推之意。

抵：执笔指法之一，指"五字执笔法"中小指的作用。"抵"有托着之意。小指托于无名指之下，以增加力量，挡住中指的"钩"。

"五字执笔法"用撅、押、钩、格、抵五字来概括说明五个手指在书法时的作用，强调五指各司其职，又通力配合，执笔稳健，使笔能上下左右灵活运动。

"五指执笔法"的要领是：指实、掌虚、掌竖、腕平、管直。

我小时候由父亲强行安排，跟过乡间的一位老先生学了几天书法，一个星期下来，天天练的都是握笔，枯燥乏味得一塌糊涂，终是逃了回来，但"五指执笔法"却深深印在了脑海里。

如今回想起来，老先生的教学方法肯定是对的。因为握笔姿势正确与否，绝对会影响书法艺术创作。

二、运腕法

用软笔书写汉字，执笔在手指，运笔却在手腕，因之有执笔法，也有运腕法。

运腕有四个基本动作：着腕、枕腕、提腕、悬腕。

着腕，即手腕贴在桌面上写字。着腕法因腕与桌面接触，妨碍笔的运动，写小楷时可用，写稍大的字就不适宜了。

枕腕，就是将左手的手掌枕于右手的手腕之下，或者把右手的手腕置于桌上辅助书写。

枕腕的作用是：借助左手或者桌面的支撑，来增加书写时的稳定性，但是，运用这一种方法来书写，手腕不能自由运动，它的活动范围比较小，大部分时候都靠手指运动，因此这种方式写小楷比较合适。

提腕，就是以我们的肘部着案而提起手腕，也就是说书写时手腕需要离开桌面。

提腕的作用是：由于手腕的提起，提腕比枕腕的运笔就灵活多了，手腕上下左右的活动范围就扩大了；又因为肘部支撑在桌面上，在书写的过程中有比较强的稳定性，因此，提腕比

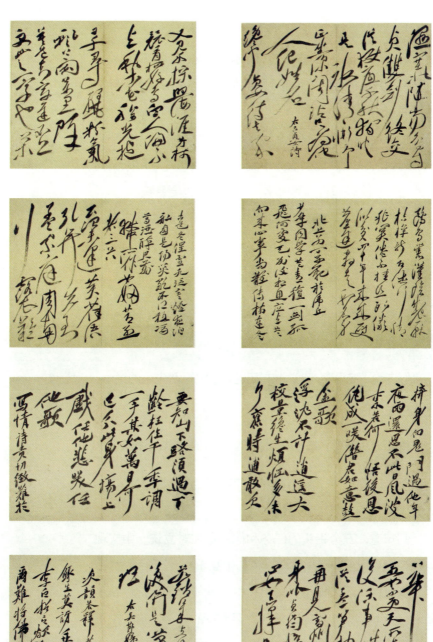

《自书诗文册》　明代　徐渭

较适合写一些中楷以及一般的隶书或者中型的行草和小楷。

悬腕，就是将我们的肘部、腕部都悬空，不跟桌面接触，而进行书写的方式。

悬腕是运腕方法中的最高境界，因为肘部和手腕全部悬空，书写时可以做到凭空取势不受任何局限，并且可以调动全身的力气，比较适合书写大字。书写草书也要悬腕。

运腕，就是写毛笔字时，腕部随着表现笔画的需要相应地做顺时针或逆时针旋转的方法，又叫腕法。

徐渭说：

"盖腕能挺起，则觉其竖。腕竖，则锋必正。锋正，则四面势全矣。"

我们老说"腕平"，我觉得有问题，依照徐渭先生的说法，强调"腕竖"恐是正道。

"精美出于挥毫，巧妙在于布白。"（笪重光《书筏》）

笔法不但强调了手腕的重要性，还详细说明了五个指头的具体任务。

我们知道，五个指头的任务和作用是在对立统一中实现的，既有相互配合、互相协调，也有相互矛盾、互相对立。

一般而言，用大拇指、食指和中指就能把笔管捉住，小指和无名指紧贴，并形成五指合力捉笔管的姿势，这就是正确的执笔。

我记得小时候学执笔，老师会突如其来地到跟前抽笔，笔握得不紧的人不但笔会被抽走，还会被抽得一手墨污。

老师便强调要"指实掌虚"。这里的"指实",就是五指齐力,好比活络扳手,起到固定笔管之作用。也有许多前辈形象地把执笔比喻为"拿筷子"。

拿筷子我们都有体会,有的人一辈子拿筷子的姿势都不对,却运用自如。

我想,一般人执笔姿势对不对无所谓,适合自己的书写习惯最要紧。但对于书法家而言,握笔姿势就十分重要了。

三、用笔技巧

握笔运腕掌握后,接下来就是用笔的技巧。

中国书法的用笔,每一点画的起讫都有讲究,分为起笔、行笔和收笔三个节点。

起笔和收笔是塑造笔法形象美的关键。

中国古人曾经总结出行之有效的办法:比如"欲左先右,欲右先左";比如"欲上先下,欲下先上";比如"有往必收,无垂不缩"等。

行笔则讲求迟速。迟,主要用以体现沉重有力之美,所谓力透纸背是也;速,用以体现潇洒流畅之美,所谓行云流水是也。

行笔时,每一点画的粗细变化最好能有提顿或转折。

提顿使点画拥有了节奏感。犹如音乐、犹如舞蹈,节奏使美感生焉。

转折的效果是让点画有方有圆,转的效果是圆,折的效果是方,这样一来,或内方外圆,或内圆外方,或有方有圆,"一生二,二生三,三生万物",书法的艺术性顿显。

细细体味,"铁画银钩"之谓,诚无欺矣!

书法的内四法·字法

笔法之后是字法。

字法是汉字的结构，也就是字的写法。

字的结构重要吗？字怎么写，重要吗？

当然重要。

怎么写，是书法基础技法，是书法上升为艺术的重要美学通道。

字法，指按照书法艺术的造型规律，安排好字的点画结构。古人亦称之为"结体"。

书法艺术的动态美和气韵生动，多来自字法。

中国历代大书法家，历来重视字法（结体）。唐欧阳询写过《结体三十六法》，对如何使笔画分布匀称，偏旁部首组织协调，字怎样做到重心稳当等做了具体说明。到明代，李淳写了《大字结构八十四法》，对偏旁部首所占空间的大小、长短、高低、宽窄以及彼此的揖让关系，都有分类阐述。

赵孟頫也说：

"结字因时相传，用笔千古不易。"

我不会书法，但我在琢磨书法结体时，总会想到建筑的结构，总觉得书法结体像极了建筑的结构。我们平时说的"上梁不正下梁歪"

也是这个道理。

一般认为，平衡对称和多样统一，是字形间架结构最基本的美学原则。

字法的基本要求是结构要紧凑，字要写得尽可能端正，内紧外松最佳。

汉字具有天然的美的结构，这是其他文字难以相比的。或可以说，汉字本身已经是一种艺术性的创造了，把它表现出来，就是一种美的风景。如果书家还能根据自己个人的风格再去书写，那就是二度创作。

中国文字的构造，旧有"六书"之说，即象形、指事、会意、形声、转注、假借。

吕思勉先生说，六书之中，第五种为文字增加的一例，第六种为文字减少的一例，只有前四种是造字之法。

吕思勉先生还说，字是由文拼成的，所以文在中国文字中，实具有字母的作用（旧说谓之"偏旁"）。象形、指事、会意、形声四种中，只有象形一种是文，余三种都是字。（吕思勉、曹伯韩《中国文化二十一讲》）

这已经把"文字"这个词解释得很通透了。

字法是最能够识别书法不同风格的要素。

我们现在电脑里面的字大多是仿宋体或者是宋体。颜真卿风格叫作"颜体"，柳公权风格叫"柳体"，欧阳询风格叫"欧体"。

这就是说，只要一个人的字写出强烈的个性和风格，那么别人很容易就从他的字中找到美感。能够这样被称为"某体"的人，书法史方才有可能对其敞开大门。

孔子觀於魯桓公之廟，有欹器焉。孔子問於守廟者曰：此為何器？守廟者曰：此蓋為宥坐之器。孔子曰：吾聞宥坐之器者，虛則欹，中則正，滿則覆。孔子顧謂弟子曰：注水焉。弟子挹水而注之，中而正，滿而覆，虛而欹。孔子喟然而歎曰：吁！惡有滿而不覆者哉！

顧齋大人屬書

鄧琰

字法的根本法则在于"多样统一的平衡对称"。

我们知道，字法是书法的根源，没有汉字的基本写法，就谈不上书法创作。

多样统一的平衡法则要求，字的间架结构，一方面要平正，符合平衡对称；另一方面又要求险绝，总体上体现平正与险绝统一的结构特点。

这与中国古代哲学中的阴阳说、虚实相生说以及矛盾统一说殊途同归。

具体形成对比的方法有：粗细、轻重、藏露、方圆、刚柔、润燥、高低、长短、疏密等。

总之，在笔墨的运行过程中，书家有意识地在点画与点画之间，在字与字之间形成节奏，创造旋律，书法之美便自然生成。

汉字的造字法是一种独立的学科，非常严谨。要是和书法的美观相比，那肯定汉字是更重要的。

书法为表，汉字为里。

因此，书法家的第一步，是多了解汉字的造字法，多了解汉字字义的古今变迁。犹如小朋友背唐诗，日后受益良多。

汉字提供文、史、哲等阐释知识型基础平台，使"依仁游艺、立己达人"成为可能。

"流动的书法线条，正是传导生命节奏的标记。"（【日】井岛勉《书法的现代性及其意义》）

俞平伯先生对诗词有"别饶姿态"四个字的期待，我觉得放在书法和其他艺术样式中，同样适用。

书法艺术的"别饶姿态"，从字法开始。

书法的内四法·章法

如果说字法是个体运动,是独奏,那么章法就是团体运动,是合奏了。

章法是指安排布置整幅作品时,字与字、行与行之间呼应、照顾等关系的方法,亦即整幅作品的"布白",亦称"大章法"。习惯上又称一字之中的点画布置,和一字与数字之间布置的关系为"小章法"。

其实,章法就是布局,用术语解读叫"分行布白",是处理字的点画和字与字之间、行与行之间关系的技法总称。

孙过庭是唐代书法家,同时也是书论家。他撰写的《书谱》在中国书法美学史上占有极重要的地位。

他说:"一点成一字之规,一字乃终篇之准。"有道理,当每个字都是规矩,都是标准时,全篇焉能不好?

章法在书法创作中的主要功能是要求字行、字列之间相互呼应,总体布局呈现一定旋律,黑白搭配充分有序。

过分追求法度或了无法度,都是不可取的。

书法中的章法处理，大致分为以下三种。

一是纵横成列法。

此为约束法，一般为初学者所采用。此法讲究平衡对称，纵横成列，多样统一、和而不同。

二是纵有行横无列法（或横有行纵无列法）。

纵向讲究、横向不讲究，或横向讲究、纵向不讲究，这种方法给书家留了一线自我表现的机会。

三是纵无行横无列法。

此法就完全无拘无束了，我以为不到一定程度不可用，容易写坏。此法一旦入道，便呈现"镂金错彩"的人工美，或具"清水出芙蓉"的自然美。

我们都知道合奏与独奏的同与不同，因之，"和而不同，违而不犯"亦是章法的美学原则。

有学者认为，中国书法的创作美学视角，已经从"造型美"走向了"表情美"。

这是一个很有意思的判断。

谁都知道，"造型美"肯定比不上"表情美"，因为造型是外在的，而表情是内在的。

最重要的是，书法家不仅仅要通过线条，展示字、词、句的表情，还要通过种种手段，展示出自我表情。

清代的艺术评论家刘熙载在《艺概·书概》中写道：

"钟繇《笔法》曰：'笔迹者，界也；流美者，人也。'右军《兰亭序》言'因寄所托'，'取诸怀抱'似亦隐寓书旨。"

刘先生寥寥数语，颇为精到。首先，他提出"流美者，人也"

《书谱》（局部）　唐代　孙过庭

这样一种论断，以证"人"这一创作主体在书法美学中的重要作用。

其次，又引入《兰亭序》中的八个字——"因寄所托"，"取诸怀抱"，以论述书法美的抒情表现。

书法的"表情美"，离不开"达其情性"，而要"达其情性"，又要处理好怎样"散怀抱""起情感"的事。

一个书家，仅仅将字写得漂亮，便远远不够了。

"散怀抱，起情感"也有方法——

一般认为，"天、地、人、事、文、器"这六个要素，对于作者有催兴唤情之作用。

孙过庭还总结出"五合"，与六要素异曲同工。

章法于书法的"表情美"锻造尤为重要。表面看起来是形式问题，根子上还是内容问题。

邓石如提出的"计白当黑"就很有代表性。

章法的整体布局，乃是书法作品敧正相倚的砝码所在。

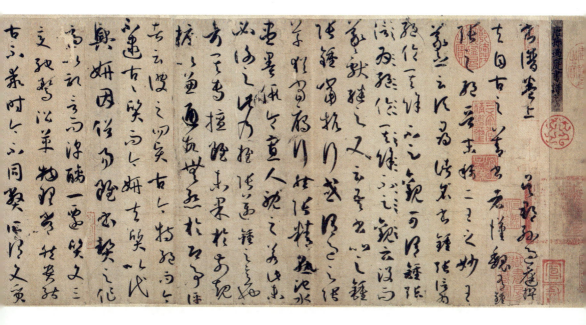

整体布局由正文、款识、印记三大件组成。

仿佛冷兵器时代的排兵布阵，布好了阵，不但有形，且战力大增。当年戚继光的"戚家军"，打胜仗主要就是靠布阵。

如何处理正文、款识、印记这三者之间的关系，是章法需要慎重考虑的关键一环。

一般来说，书法作品应突出正文，以款识为辅助手段，再以印记反映和平衡全幅。

这样的布局，主次有序、平衡匀称，相对容易出效果，也容易被观众所接受。

一般情况下，书法家是不会让题款喧宾夺主的，但也不排除一些高人剑走偏锋、出奇制胜。

比如，我熟悉的省三先生，就常常以题款为主。他的作品一眼望去密匝匝、黑蒙蒙一片，仔细读来，通篇神完气足，如大风过境，又如乱石铺阶，味道全在其中，他的生动表情也尽在其中。

章法关系到一幅书法作品的总体审美效果，书家务必充分注意。

书法的内四法·墨法

墨法让书法作品文气充盈，笔墨在迹化之后方能体现东方文明的精神意象。

书家不太重视墨法，就像戏剧演员不太重视自己的扮相一样。

这问题很严重哦！

王国维在他的《古雅之在美学上之位置》一文中，谈到了书法创作的两种形式。他说：

"布置属于第一形式，而使笔使墨则属于第二形式，凡以笔墨见赏于吾人者，实赏其第二形式也。"

把用笔使墨提到这样的审美高度，静安先生的确高瞻远瞩。

中国传统审美从来就重视视觉的微观映照。

我们先人早就发现，墨是有层次、有色阶的，中国画历来就有"墨分五色"的说法；中国书法也在墨色的浓淡枯润之间分出微妙的墨韵空间序列，供创作主体自由选择。

元代的陈绎曾在他的《翰林要诀》里专门谈到了墨法，他说：

"字生于墨，墨生于水。水者，字之血也。笔尖受水，一点已枯矣。水墨皆藏于副毫之内，'蹲'之则水下，'驻'之则水聚，提之则水皆入纸矣。捺以匀之，抢以杀之、补之，衄以圆之。过贵乎疾，如飞鸟惊蛇，力到自然，不可少凝滞，仍不得重改。抢各有分数，圆蹲直抢，偏蹲侧抢，出锋空抢。"

陈先生根据前人的经验和自己的体会，对墨的运用谈得生动有趣。我们通过对上面一段话的深入理解，便可看出墨法怎样和笔法互为生成，又如何富于复杂而微妙变化的。

中国古典美学认为，水墨虽无颜色，却包含了所有的色彩。它能将黑白、干湿、浓淡的变化，化成水晕墨章、明暗远近的艺术效果。

老子说的"玄之又玄，众妙之门"，往往可以从水墨的迹化过程中感受到。

唐岱对"通天尽人"之笔这样阐述：

"以笔之动而为阳，以墨之静而为阴；以笔取气为阳，以墨生彩为阴。体阴阳以用笔墨，故每一画成，大而丘壑位置，小而树石沙水，无一笔不精当，无一点不生动。"（唐岱《绘事发微·自然》）

唐岱这里讲绘画，与书法其实是同一道理。

墨法中遇到的第一个概念，叫藏墨。

什么叫藏墨？就是毛笔一次性的储墨量，又叫蘸墨

《金山寺诗立轴》　明代　王铎

或吸墨。

平时我们拿起毛笔，随意往砚台或墨盒（瓶）里一蘸，似乎可以信手拈来，其实这就错了。

墨法是讲究储墨量的，一次性储墨量合适，才能随心所欲地满足书法家书写的要求。

墨多了，容易长出墨猪；墨少了，往往一个字都写不完。

因之，一次性蘸墨的多少，确实应该讲究，我觉得可以考察书法家的经验值。

一般来说，藏墨的多少应该服从于书写的需要，最少限度要能写完一个字。

书法中，蘸一笔墨而写一画是很糟糕的状态。这样写出的字，必然松松垮垮难于一气呵成。当然，一笔能写好一个完整的词，甚至一句话，并且使墨不肿不滞，那就最为理想，但是，那非经过刻苦的练习不可。就好像提琴家一弓运下能拉出十几个乃至几十个音符一样，将墨运用到了这种地步，才算初步掌握了墨法。

所以，无论写什么字、用什么笔、吸多少墨，都要事先斟酌，先思而后行。只有藏墨合适，才会为墨创造一个心中有数、量入而出的基础条件。

还有一个可供升华的选项：墨中有笔和笔中含墨。

中国画有黄宾虹、中国书法有林散之可鉴。

接下来的一个概念：着墨。

毛笔藏墨后落纸开始写字，这样一个书写过程就称之为"着墨"。

如果说着墨前的一系列动作都是"验枪、擦枪"，那么，着墨就是"扣动扳机"了。

着墨是一种非常复杂的、千变万化的过程。

着墨以后的墨迹可因运笔的速度、按提笔时力量的大小以及墨自身的浓淡，基本分为浓墨、润墨、燥墨三种，如同军队的骑兵、步兵和炮兵，交替或混编使用，往往能收到出奇制胜的效果。

着墨过程中，当毛笔的墨流下行速度快于运笔速度，加之按笔的

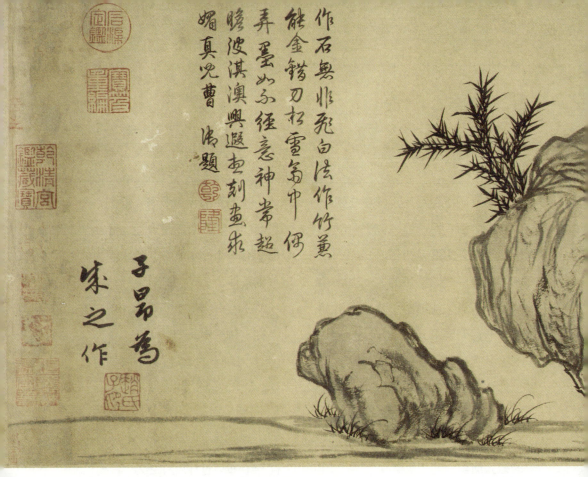

《枯枝竹石图》 元代 赵孟頫

力量大于笔毛的弹力时，则出现浓墨；着墨过程中，毛笔内部墨流下注速度与运笔速度相当，按笔力量与笔毛弹力相互协调时则出现润墨；同样，当运笔速度快于墨流下注速度，较好地发挥笔毛的弹力作用时，就出现了燥墨。

着墨时，由于对墨的性能了然于心，便可获得"黯而不浮，明而有艳、泽而无渍"（晁氏《墨经》）的明显效果。

对墨色或浓或淡的不同追求，可以体现书法家不同的艺术品格和审美风范。

中国书法艺术，讲究的是笔法、字法、章法和墨法的有机统一，相辅相成。

从琢磨每一个汉字始，到纸上着墨终；又从纸上着墨始，

到题款钤印终，是起点，也是终点。

是终点，也是起点。

这，也是一种轮回。

犹如十八般兵器一样，浓墨、润墨和燥墨在书法中也各有用场。用笔侧重于解决书法中的筋骨，用墨则主要表现书迹中的胖瘦和精神。因此，要取得较好的书写效果，就须很好地领会和运用墨法的奥妙。

墨法中最突出的美学贡献是"飞白"。

"飞白"是书法中的一种特殊笔法，相传是书法家蔡邕受了修鸿都门的工匠用帚子蘸白粉刷字的启发而创造的。

东汉灵帝时修饰鸿都门，匠人用刷白粉的帚写字，蔡邕见后，归作"飞白书"。它的笔画有的部分呈枯丝平行，转折处笔画突出，北宋黄伯思说：

"取其若发丝处谓之白，其势若飞举者谓之飞。"

我理解飞白的美学价值，在于肌理效果，在于有无之间，在于读者可以寻迹而引发美的联想。

今人把书画的干枯笔触部分也泛称飞白，笔画中丝丝露白，像枯笔所写，别有一番韵味。

飞白，犹如宋瓷里的"天青色"，色质微妙耐看又历久如新，非常接近中国古典美学的核心地带：抽象、折叠、循环、高古、朦胧、拼贴，有深远的时空意趣。

一看到"飞白"，我会立即联想起南宋牧溪的那幅《潇湘八景图·平沙落雁》。

禅境与士大夫气，均来自枯淡清幽旷野之寂静。

诚如夏圭所云"脱落实相，参悟自然"是也。

墨法，说到底就是一种用墨技巧。

"盖笔者墨之帅也；墨者笔之充也；且笔非墨无以和，墨非笔无以附。"（沈宗骞《芥舟学画编》）

笔是墨的主体，墨是笔的展开。笔法的一半是墨法，墨法的一半是笔法。

笔力遒劲、墨法华滋，是笔墨的共同追求。

这里，再简单补充一个概念：催墨。

何谓催墨？就是毛笔藏墨后，开始着墨纸上，一口气将要表达的意思还没有写完，或者书家的激情奋起而行笔不能止，而藏墨又即将用尽，墨即尽而意未尽时，怎么办？催墨。

催墨时行笔要急速，稍用力往下按，将笔头内余墨催到毫端铺于纸上而形成"飞白书"的效果。

我看林散之先生的书法作品，总是呈超凡脱俗之象，现格调高迈之相，究其原因，应与他十分讲究用墨有关。

催墨亦是形成笔墨意象的辅助手段。

笔墨意象所产生的审美，是中国书法由实用性向艺术性转化的关键。我们欣赏书法作品，如果能直接从笔墨意象出发，就迈出了区别于认字型书法审美的第一步。

书法的内四法介绍完了，我认为外三法有点玄，暂时不续。

雕塑：大地上凝固的诗行

大家都知道，历史上雕塑艺术并不是中国艺术的强项。与现在不同，20世纪80年代以前的中国，基本上没有自己的城市雕塑。

20世纪末，与朋友们一道，我主持出版了《二十世纪中国城市雕塑》一书，知道了有关雕塑的一点"abc"。

雕塑是大地上的诗行。窃以为了解雕塑艺术对提高我们的生活品位是非常有益的。

我们国家已经全面建成小康社会。小康社会是什么样的社会呢？

随着我国经济的飞速发展，当所有人都脱贫之后，我们的生存状态就会面临着一个巨大的转变。李鸿章认为晚清是"三千年未有之大变局"，按照这种说法，那么2020年我们可以认为是中国五千年以来的大变局之年。

5000多年来，我们民族一直在为了温饱而奔波劳碌，小康社会建成以后，我们应该就不会再有这方面的焦虑了。人之所以为人，是因为他的生存条件在满足了温饱后，会到达另一个境界。丰子恺先生曾将人生分为三层楼，即物质生活、精神生活和灵魂生活。傅佩荣先生也在"长江讲坛"做过讲座，他讲的是"身、心、灵"，这三者之间的关系是比较复杂的，谈清楚不容易。

因此，我在这里就只谈其中的两点——肉身和精神。

人有双重生命，一个是肉身生命，另一个是精神生命，也叫灵魂生命。解决了肉身生命的温饱问题以后，人就会自然地关注到精神世界，相携着集体登上第二层楼。一般来说，精神领域也由三部分组成：第一部分就是艺术，也是精神领域中最低端，同时也是与肉身生命联系得最密切的一部分；第二部分是哲学；第三部分是宗教。

这里不谈哲学与宗教，只谈跟我们结合得最紧密的艺术。

让我们从带有"强迫你接受"的雕塑艺术开始。

雕塑的审美

我讲雕塑艺术，实际上是要告诉大家怎样去欣赏雕塑。

因为很多人并不真正知道如何去辨别艺术品的好坏、真伪。

比如，我经常去我们江西的景德镇，在那里经常碰到来自全国各地的有钱人。他们开着豪车欢天喜地地买了一堆东西，以为是大师的作品，或以为凡大师的作品都是好作品。结果却很怪异，因为他们花重金买了一堆不值钱也没有任何审美价值的东西回家去，还准备放在醒目的位置，以便向别人显摆。

这其实是一件非常可悲的事情。

抗日战争前期，毛泽东在湖南组织农民运动时就认为"严重的问题是教育农民"（《论人民民主专政》）。

现在，严重的问题在于提高审美能力。

全面建成小康社会之后，提高审美能力是非常有必要的，这也是我今天来跟大家交流欣赏雕塑艺术的原因之一。

我们今天的交流主要涉及五个部分的内容。第一是雕塑的概念；第二是雕塑的形式；第三是欣赏世界十大著名雕塑；第四和第五部分是讲我们中国的雕塑，分为古代和当代两个阶段。

相信经过这样的交流，大家会对雕塑艺术多多少少有一定的认识。

雕塑属于造型艺术。"雕塑"这两个字实际上包含了"雕刻"与"塑造"两种形式。

假设有一团泥巴，把多余的部分剔掉，这个叫"雕"；某个地方有缺陷，用新的材料填进去，这个叫"塑"。所以，雕是做减法，塑是做加法，两者合起来就叫雕塑。

用正式语言表述：

"雕塑是基于各种可雕可塑的材料，运用各种成型手段制作出来的可供观赏、可以触摸的立体造型。"（引自华龙宝《雕塑》）

雕塑主要分为以下三大类。

第一类是浮雕，具有平面和不通透两个特征，因此只有一个面可供欣赏。比如，人民英雄纪念碑上就一共有十块浮雕，但每次只能欣赏到一个面。

第二类是圆雕。圆雕是立体的，四个面都可供欣赏，从材质上看主要有竹雕、木雕以及根雕、玉雕（石雕）等。

第三类是线刻。大多数人都会认为这种线条构成的是一幅画，不属于雕塑的范围。实际上它是雕塑中的雕刻，也就是在石头、木头、金属、贝壳、陶瓷等硬质器物上，用工具以线条为形式刻画图形的工艺。比如，岩画就属于雕刻这一类。

世界十大著名雕塑

一、《掷铁饼者》

第一个介绍的雕塑是《掷铁饼者》。其原作已经丢失，复制品现存罗马国立博物馆、梵蒂冈博物馆，以及特尔梅博物馆。《掷铁饼者》原作为青铜材质，作者是古希腊雕刻家米隆，创作于公元前 450 年左右，当时的中国正处于春秋战国时期。《掷铁饼者》刻画的是一名强健的男子在掷铁饼时表现得最有力的一个瞬间：男子正在运力，手中的铁饼还没有飞出去。这一雕塑赞美了人体美和运动所包含的生命力，体现了古希腊艺术家在艺术技巧、艺术思想和表现力上的质的飞跃。所以，这尊雕塑被认为是空间中凝固的永恒。即使几千年过去了，《掷铁饼者》也并不过时，现在仍然是放在世界各地体育运动场所的最佳标志。

《掷铁饼者》 ［希腊］米隆

《大卫》 ［意］米开朗琪罗·博那罗蒂

二、《大卫》

第二尊雕塑是《大卫》。这是一尊大理石雕，"大卫"的意思是"被爱的"。该作品呈现的裸体男子是传说故事中的一个国王。在没有照相机和摄像机的时代，人们无法把国王的样貌拍摄下来。今天，我们所见到的大卫故事的记载大多来自一本宗教经典——《塔纳赫》，其中就有大卫形象的描述。就像现在的孔子形象，他的眼睛、耳朵以及1.8米的身高，都是艺术家根据古籍中的文字叙述加上自己的理解和想象雕刻出来的。大卫的雕像也是一样，是艺术家根据书中的记载，经过自身消化后的尽可能还原。

三、《断臂的维纳斯》

第三尊雕塑的名气更大，是《断臂的维纳斯》。真正的维纳斯谁都没见过，这件作品也是艺术家根据希腊神话里对维纳斯的文字描述创作出来的圆雕。作者不追求纤巧细腻，而用浑厚朴实的艺术手法处理。该雕塑四面都可以欣赏，不管从哪个角度看，都有统一而富于变化的美。尽管雕塑的双臂是残缺的，但是人们仍然会感受到这尊雕塑的完美无缺。所以，后世有很多做雕塑或绘画的人试图给"断臂的维纳斯"接上手臂，结果都在原作面前黯然失色。

莫非世界上的艺术家都通晓那个道理：大成若缺？

《断臂的维纳斯》有太多故事了，这里稍稍展开一下。

据说《断臂的维纳斯》是1820年在希腊爱琴海的米洛斯岛的山洞里被发现的。这座雕像的优美端庄使人无法想象，被法国人获得之后，热爱艺术的法兰西民众都沸腾了。人们将它看作国宝，如今仍把她作为"镇馆之宝"收藏在巴黎的卢浮宫里。

由于雕像在发现时折断了两条手臂，且"阿芙洛蒂忒"的罗马名字又叫作"维纳斯"，所以人们就把它叫作《断臂的维纳斯》。

《断臂的维纳斯》　［古希腊］阿历山德罗斯

这个名字传开以后，原名《米洛斯的阿芙洛蒂忒》反而逐渐被人们所忽略。这就是名字的变异。就像鲁迅先生的原名叫周树人，但"周树人"这个名字人家却比较陌生，而一说"鲁迅"就都知道。这尊雕像，自发现以来，200多年来一直被公认为是希腊女性雕塑中最美的一尊。它像一座纪念碑，给人以崇高的感觉，庄重典雅，同时又让人感到亲切。

为什么法国可以得到《断臂的维纳斯》？过程是这样的。

在米洛斯岛上，1820年的某天，有一个叫尤尔赫斯的农民在挖家里菜地时发现了一个神龛，里面有一个美女雕像，便设法把它搬到了家里。农民非常惊奇，但并不知道这就是维纳斯的雕像。

或许是天意，这时刚好有两个法国的海员来到这个岛考察水文，在农民家里看到了这尊雕像，但当时没有购买。几天以后，他们的船到了伊斯坦布尔，这两个海员在跟法国驻伊斯坦布尔的大使聊天时聊到了这尊雕像。国家的驻外大使一般都有较好的审美能力。他马上就意识到这可能是个好东西，于是立即派了一个叫马萨雷斯的秘书去把这尊雕像买回来。但在这时，农民已经把雕像廉价卖给了当地的一位神父，神父又打算把它卖给君士坦丁堡总督的翻译员。正当神父准备把这个雕像运走时，马萨雷斯到了，然而神父无论如何也不愿意将雕像卖给他，双方在争夺过程中，雕像的双臂被摔断了。于是双方又开始打官司，最后米洛斯当局因为法国人出价更高，就把雕像以8000银币的价格卖给了法国人。法国也因为如此这般，得到了一个世界珍宝。

四、《雅典娜神像》

第四尊雕塑是《雅典娜神像》。雅典娜也是希腊神话里的人物，传说是雅典城的守护神。该雕塑的原作当年在帕特农神庙的大厅中已被毁坏，现存的是

《雅典娜神像》 ［希腊］菲迪亚斯

《门考拉夫妇立像》

公元二世纪时的复制品。据说，仅仅是雅典娜身上穿的长衫，在当时就用了2500多镑黄金制作。雕像的神情平和，是一个平易安详的美丽少女的形象。古希腊时期每四年会举行一次大型的雅典娜节，将神像接回神庙是节庆的最高礼仪。可以想象，灿烂的阳光透过宏伟的神庙大门，照射到这尊金光闪闪的神像上，是何等的恢宏和壮丽！

这恰恰是希腊黄金时代的真实写照。

五、《门考拉夫妇立像》

第五尊雕塑是《门考拉夫妇立像》。世界八大奇迹之一的埃及金字塔是所有到埃及旅游的人必看的景点。埃及金字塔其实就是法老的陵墓，但法老到底长什么样子我们也不知道，而该组雕像呈现出的法老门考拉夫妇形象则非常生动，这也是这件作品最珍贵的地方。从雕像中我们可以知道当时法老的衣着、样貌等，同时还可以看到他们是不穿鞋的——赤脚。

六、复活节岛石像

第六个介绍的雕像，是复活节岛石像，又叫摩艾石像，位于南太平洋东部，南美洲智利的一个小岛上，距离智利本土约有3600公里之远。据说，1722年

复活节岛石像

的复活节这一天，荷兰的一个航海家在南太平洋上航行时发现了这个岛，他以为自己发现了新大陆，非常兴奋，但最终发现这只是一个海岛。由于登岛的那天是复活节，这个岛就被命名为复活节岛。1888 年，智利政府接管了这个岛，巧的是，接管当天，也是复活节。

于是，地球上有了一个天作地合的"复活节岛"。

摩艾石像是世界奇迹，其石像不仅数量非常多，而且体型巨大。复活节岛可以说是迄今全世界雕塑中最多、最大的一个岛，目前已经发现的雕塑就有 1000 多尊，每一尊雕像都有几十吨重。

这些石像是谁雕的？什么时候雕的？又是怎么放到这个岛上的？为什么要放在这里？人类学家和考古学家众说纷纭。随着挖掘越来越深，考古学家推测摩艾石像可能是过去能使用巫术的巫师的造像，其地位或许是部落领袖。但真正的结论到现在还没有出来。

虽然传说当时的巫师可以通神，与上天对话，社会地位也非常高，但也有学者认为，花费如此多的财力、人力、物力去雕刻上千个巫师的像，其可能性并不大。

不管怎样说，复活节岛上的雕塑，至少在我看来，到如今仍然是一个不解之谜。

七、《母狼》

第七尊雕塑是收藏于意大利首都罗马市政博物馆中的《母狼》雕塑。该雕塑也是罗马城的城徽。

雕塑中，狼被塑造得很大，下面是两个男婴，在吃母狼的奶。

人，怎么会去吃狼奶？还吃得那么津津有味呢？

这就又涉及价值观念了。

西方人的价值观念的确与中国人有很大的不同，之所以不同，

《母狼》

是因为教育的方式方法就不同。

对于教育的最终目标，可以用一句话来概括，那就是培养一个好习惯。就算是最好的学校，如果最后在这上学的小朋友没有养成一个好习惯，那就是教育的失败；就算一个人没有上大学，但最后养成了一个好习惯，那也是成功的教育。

行为心理学研究的结果：三周（21天）以上的重复会形成习惯；三个月以上的重复会形成稳定的习惯。

抓孩子做功课肯定没有培养孩子的良好习惯重要，让好习惯陪伴孩子们快乐成长吧。

以上当然是我个人的看法，大家不一定都要认同。

狮身人面像

八、《狮身人面像》

第八个雕塑是《狮身人面像》。顾名思义，这尊雕塑的形象就是人的脸庞长在狮子身上。它建造的目的是守卫陵墓，守卫金字塔。该雕像又名斯芬克斯，他是希腊神话里的一个巨人与蛇生出的怪物，有人的头、狮子的躯体，还长着翅膀。

传说斯芬克斯从缪斯那里学到了很多谜语，常常守在大路口，只要有人想通过，就必须先猜谜，猜错了就会被吃掉，蒙难者不计其数。

有一次，一个国王的儿子被斯芬克斯吃掉了，国王非常愤怒，发出悬赏，谁能把斯芬克斯制服就把王位送给谁。一个名叫俄狄浦斯的青年应召前去，斯芬克斯给他出的谜语是这样的：什么东西能发出一种声音，早上用四条腿走路，中午用两条腿走路，晚上就用三条腿走路？俄狄浦斯猜出了谜底，那就是人。斯芬克斯不服输，又给他出了一个谜语：什么东西先是长的，后来又变成短的，最后又变回长的？俄狄浦斯给出的正确谜底是人的影子。于是，斯芬克斯最终因羞愧而自杀。

九、《汉穆拉比法典》石碑

第九尊世界著名的雕塑叫《汉穆拉比法典》石碑，上端是人像的浮雕，国王坐在边上，背后是整个天空，正义之神沙马什将王权的象征物交给了他；下端是《汉穆拉比法典》原文，该法典是世界上现存最早的成文法典。此雕塑象征的是"君权神授"，即君权来自神权，具有绝对的权威性，反对国王就是反对神，必然会受到神的惩罚，其实质是为了使自己的统治看起来名正言顺。

我们都知道，北宋时江西籍著名书法家黄庭坚写了一件叫《砥柱铭》的书法作品。这件作品在2010年拍卖价超过了4亿，也就是说，平均每一个字价值几十万元，可以算是当时我国最贵的一幅书法作品了。

那么，为什么黄庭坚的字可以卖那么贵呢？或许有人会说他是"苏黄米蔡"北宋四大家之一，所以他的字可以卖那么贵。但问题又来了，为什么排在他前面的苏东坡的书法，没有第二名的黄庭坚的贵呢？

我认为这还与文章本身有关。

《砥柱铭》这篇文章的作者是唐朝的宰相魏徵，他也是一代英才。唐太宗李世民统一天下以后，带着臣子东巡至今天黄河的三门峡，黄河中有座砥柱山，经激流冲击，其外形如石柱，因此也就叫中流砥柱。唐太宗当时就命大家以此做文章，于是魏征就写了这篇《砥柱铭》。但是这篇文章在任何典籍里都查不到，包括康熙时期

《汉穆拉比法典》

的《古今图书集成》、乾隆时期的《四库全书》，后人最终却在黄庭坚的书法作品里找到了。因此，这件作品的价格如此之高，部分来源于魏征《砥柱铭》的文献价值和史料价值。

《汉穆拉比法典》也是一样，碑刻的一半是法典，本身的文字就很珍贵，其次才是上端君权神授的浮雕。

十、《思想者》

最后一件雕塑是《思想者》，创作者是非常了不起的法国雕塑艺术家奥古斯特·罗丹。该雕塑呈现的是一个正在思考的人。它原本是雕塑《地狱之门》的一部分，后来从中独立出来。1880 年，法国政府委托罗丹为即将动工的法国工艺美术馆设计一扇青铜大门。罗丹在构思时首先想到的是雕塑家吉贝尔蒂为佛罗

《思想者》 ［法］奥古斯特·罗丹

伦萨洗礼堂创作的青铜浮雕大门——《天堂之门》，于是他参考但丁的世界名著《神曲·地狱篇》，创作了雕塑《地狱之门》。

工程虽然是政府的，但是创作什么风格其实还是艺术家决定的。这非常重要。法国在 19 世纪就有了这种观念，完全由艺术家自己决定创作什么，出资和创作两者之间有着明确的划分，否则也不会有《地狱之门》，更不会有《思想者》。所以，如果大家有机会去巴黎，除了看卢浮宫以外，还可以到奥赛博物馆去看看《地狱之门》。

艺术的规则就是这样：任艺术家自由发挥，总归离世界名作最近。

中国古代雕塑之美

中国古代雕塑主要分为陵墓雕塑和宗教雕塑。

陵墓雕塑即墓道边上的石人、石马、石狗等。在古代，王侯公卿逝世后会用活人殉葬，陪葬的主要是死者的妻妾、奴仆等，或者用"俑"陪葬，比如秦始皇陵兵马俑。《孟子》中有记载，孔子曾说过一句话："始作俑者，其无后乎！"意思是最开始做俑的这些人，也一定会有后人效仿。

不过话又说回来，用俑陪葬与用活人殉葬相比，无疑是文明的一大进步。

宗教雕塑主要包括菩萨像或大佛，绝大部分被保留在石窟里面，如龙门石窟、云冈石窟，以及大足石刻等；而我们看得最多的宗教雕塑是寺庙里各种各样的观世音、如来佛、罗汉等。

绘画界有一个概念叫"塑绘不分"，比如要塑造一尊骆驼，首先要把骆驼的造型做出来，然后在上面绘上颜色，雕塑和绘画相互补充，紧密结合。

雕塑和绘画不同，二者所用的工具和头脑中的构图不一样，但是过去我们的古人不会将二者分工。如果大家去看敦煌的石窟，就会发现里面做雕塑和画壁画的常常是同一人。

一般的游客看不出来其中的奥妙，认为画是画，雕塑是雕塑，是两码事。实际上，当我们知道"塑绘不分"的时候，就会意识到塑造菩萨的人刚好也是画壁画的人，手法相同，只是创作用的工具不同而已。包括乐俑，一种陪葬品，也存在"塑绘不分"的现象。

《石狮子》 陕西历史博物馆藏

《兵马俑》 摄影 叶启　　《秦始皇陵兵马俑》 秦始皇帝陵博物院藏

《大足宝顶山道教造像》 摄影 叶启

　　社会在进步，工艺也在进步。用变化的态度来判断美的呈现方式，相信更接近雕塑艺术的"自我样相"。

　　希望大家最好能够记住，什么是"俑"，什么是"塑绘不分"。这样，起码我们去参观一些著名洞窟时，不至于太"菜鸟"，以至于被一些"满嘴跑火车"的"导游"忽悠得那样彻底。

　　色彩是美术的颜值，也是美的担当。

　　再简单介绍一下中国古代雕塑的赋色。

　　我们的先人很早就知道色彩的重要性，比如唐三彩。

　　河南的很多景点都卖唐三彩。我家里曾经也请回了一个。很多人并不知道什么是真正的唐三彩，买回来的很有可能是当地人自己现做的"山寨货"。

　　为什么叫唐三彩呢？

　　说来话长——

《三彩骆驼》 洛阳博物馆藏

《三彩天王》 洛阳博物馆藏

在我们中国传统文化中，讲究的是五色，类似于音乐中的五音，"宫商角徵羽"，也就是"哆来咪嗦啦"；在西方文化中，颜色是七色，音符是七个，也就是"哆来咪发嗦啦西"。中国江西是中国古典音律的发源地，在南昌市湾里区的一个叫洪崖丹井的地方，据说中国音乐的始祖伶伦，就曾在那里修道，最后编了一本五音的中国曲谱。

唐三彩只是最开始的时候用三种颜色：黄、绿、白，实际上到后来用了五种颜色（黄、绿、白、褐、蓝）。所以，如果唐三彩的色彩超过了五种，那就一定是假的。我想这比较容易理解。

我有时看到一些小餐馆的墙上挂着的画，虽然造型各方面也不差，但就是怎么看都不高雅。后来我就琢磨，中国古人所谓的"高雅"，应该类似于今天的极简，越简单的越好看。中国水墨画中最高雅的是黑白水墨画，画面上只有一黑一白两种颜色。比如，明末清初江西有位画家叫八大山人，为什么联合国教科文组织将他评为"中国古代十大文化名人"之一？为什么他的地位那么高？他的画作特点其实就是极简，一般只有两种颜色，浓淡变化后又可以分出若干。接受美学明确告诉我们，若要高雅，就要简单。有些人穿衣服好像总是显得很"土"，其原因之一就是他们喜欢搭配得花花绿绿的，让人显得比较浮躁。

由此可见，色彩搭配真的是一门大学问。

中国近现代雕塑之美

一、《艰苦岁月》

《艰苦岁月》，创作者是广州雕塑家潘鹤。该作品曾经出现在小学的课本里，很多朋友可能都见过。

该雕塑是铜铸圆雕，表现的是红军爬雪山过草地时，晚上大家在茫茫的草滩上休息，一个大约50岁的老战士吹起了笛子，一个十一二岁的小红军抱着一杆比自己身体还高一截的步枪，倚靠在老红军的身边，听着美妙的笛声。其人物的关系塑造得非常传神。

这是艰苦环境下"诗与远方"的具体展现，也是革命现实主义和革命浪漫主义结合得最好的一件作品。我想这种平民英雄形象会永远矗立在人们心中，这也是我要将其放在中国现当代雕塑部分第一位的主要缘由。

《艰苦岁月》　当代　潘鹤

《八女投江》

二、《八女投江》

《八女投江》群雕，位于黑龙江省牡丹江市的江滨公园。该组雕塑塑造的是一个英雄的群体。"八女投江"四个字由当时的全国政协主席邓颖超亲笔题写。

1938 年，东北抗日联军在跟日军周旋之时，其中就有东北抗日联军第四、第五军的西征妇女团，在指导员冷云的带领下，她们担负着掩护大部队转移的任务。面对日军的袭击，她们弹尽粮绝，却宁死不屈，最终八人集体投江，壮烈殉国。在她们之中，指导员冷云才 23 岁，最小的一个姑娘年仅 13 岁。她们的英雄事迹惊天地、泣鬼神。因此，"八女投江"的事迹被刻成雕塑，并被列为国家二级文物，这是众望所归。妇女和儿童本身就是相对弱小的，在民族危难的时候，是更需要呵护的。放到现在，23 岁不过是刚刚大学毕业的年龄，而那个年仅 13 岁的小战士，不仅无法拥有自己幸福的童年，无

《庆丰收·农林牧副渔》

《庆丰收·工农商学兵》

法向自己的父母撒娇，还需要面对生死的考验，最终为国牺牲，既让人心疼，又让人敬佩。

"为有牺牲多壮志，敢教日月换新天。"看了《八女投江》群雕之后，毛泽东这两句诗萦绕在我心头，久久不能释怀。

三、《庆丰收》

群雕《庆丰收》，最初也叫《人民公社万岁》，位于北京的全国农业展览馆门前广场，创作于1959年前后，也是北京著名的城市雕塑。该雕塑有两组，东边的雕塑叫作"农林牧副渔"，中心人物在扬钹；西边的雕塑叫作"工农商学兵"，中心人物在擂鼓。

"工农商学兵"是当时社会的中间阶层，也是主要分工。中间阶层是社会的顶梁柱，工人排第一，农民排第二，商人排第三，学生排第四，军人排第五。"农林牧副渔"无论是当时还是现在，都是社会的主要产业，如今全部被纳入第一产业中。

世上的事情就是这样，没有谁生下来就高人一等。工也罢，农也罢，商也罢，学也罢，兵也罢，不论你从事什么职业，靠什么吃饭，这些都不要紧，因为社会角色完全可以转换，什么职业都不会存在必然的高低贵贱。每个人如果能持续地用自己的方式去参禅悟道，获得智慧，都有机会修炼成"仙"。

我们之所以会误入歧途，是由于我们常常认定社会分配给我们的角色，是决定人生高低贵贱的唯一通道。大谬也。我对《庆丰收》这组雕塑的理解，仅限于此。

四、《收租院》

《收租院》，年纪大一点的人应该知道或者听说过。《收租院》群雕位于四川省大邑县刘文彩庄园内，距离成都大概50公里。该组群雕把旧社

《收租院》

会地主压榨农民的残酷历史用几组场景再现出来。这之前，国内还没有人做过这样的大型群雕，所以当时来自四川美术学院的创作者都全力以赴。参与过创作该组雕塑的人后来也基本上都成了一方大家。

该雕塑一共有七组，分别为《交租》《验租》《风谷》《过斗》《算账》《逼租》《反抗》。

作品很注意细节的刻画：比如稻谷里有很多"毛须子"，因此需要把谷子倒入手摇的风车，风车摇动后，里面的木板产生的风就会把毛须吹走，留下来的就是比较干净的谷粒，这个过程就是"风谷"。这几组雕塑群像一共有 114 个真人大小的雕塑，创作者把西洋雕塑技巧与中国民间传统的泥塑技巧融为一体，生动地塑造出如此众多不同身份、年龄和个性的形象，可以说是中国现代雕塑史上的空前创举。

五、《欧阳海》

1963 年的春天，解放军驻湖南的一支部队正在拉练（徒步行军），经过一条铁路的时候，有匹马受了惊僵在了铁轨上，而此时一列火车

《欧阳海》　当代　唐大禧

正要通过这个地方。如果马不离开铁轨，整个火车都会翻掉，马也会死掉，牵马的人也很危险。眼看事故就要发生，欧阳海当机立断推开了那匹马，但自己却牺牲了。他从一个普通的农民子弟，到解放军战士，最后成了全国著名的英雄模范。基于这一事迹创作艺术作品的人主要有两个，一个是该雕塑的创作者唐大禧，他的作品还有后面将要提到的雕塑《八大山人》；另一个是写同名小说的作者金敬迈，当时《欧阳海之歌》这本书的发行量高达3000万册，该作者的名字也因此家喻户晓。

关于这一雕塑，唐大禧认为，其关键点就是如何表现"着急"。欧阳海是用肩膀把马顶出去的，还是用手推出去的？当时既没有照相机，也没有手机可以摄像，没能留下真实的影像资料。当时的结果是火车刹停，欧阳海躺在血泊里，但他当时是怎么上前的，战友、火车司机谁也说不清楚了。由此引出的问题就是做雕塑的人要怎么去塑造再现。唐大禧当时非常年轻，只有28岁。他去了欧阳海所在的部队，天天跟他们在一起，谈论欧阳海的事情，看他的照片，听他的故事。深入生活之后，唐大禧最后画出了多张不同的草稿，大家一致认为用肩膀把马顶下铁轨比较好，其原因主要有两点：第一，用手推马是推不出去的，手没有那么大的力气，而肩膀力气最大；第二，马和人的形象需要正面面对观众，用手推达不到这样的效果。反复琢磨之后，他选择了大家一致认同的画面进行塑造。

这个过程考验的就是艺术家的人物塑造能力了。

就像我们看《红楼梦》，每个人心中的林黛玉都不同。1987年剧版的《红楼梦》出现后，很多人都觉得这个版本的林黛玉最符合人物形象，以至于后来的那些"黛玉"都黯然失色了。而我个人认为《红楼梦》小说里的林黛玉才是真正的林黛玉，87剧版里的林黛玉已然非常接近，但还不是我心目中的林黛玉。因此，关于《欧阳海》这一雕塑，大家心中认可的欧阳海才是真正的欧阳海，就像前面讲到的《断臂的维纳斯》一样。

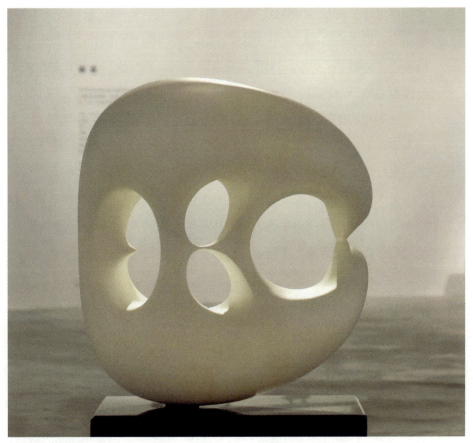

《饮水的熊》 当代 杨冬白

六、《饮水的熊》

这一玉雕表现的是现实中喝水的熊以及它的倒影。当时，我家里订了两份刊物，一本叫《诗刊》，一本叫《美术》，那一次邮局送来后我就发现，两本刊物的封二都登了这件作品。我当时就感觉这件作品应该会得奖，果然后来它就得了第六届"全国美展"金奖。

《饮水的熊》不是很大，但是构思非常巧妙。如同《艰苦岁月》能让我们联想到茫茫草地、晚上的篝火，以及边上的沼泽地，在如此艰苦的条件下，一群衣衫褴褛的战士依然坚定且乐观，老战士吹着笛子，小战士依偎在他怀里面。

《李大钊纪念像》 当代 钱绍武

《饮水的熊》则能让观众联想到熊所在的大森林，以及其他各种各样的小动物，熊在这个地方从容不迫地饮着水，宠辱不惊。人若要修行到这种境界，不受任何事物的烦扰，应该并不容易。

七、《李大钊纪念像》

《李大钊纪念像》的创作者是钱绍武。钱绍武先生是中央美术学院原雕塑系主任。我编写《20世纪中国城市雕塑》的时候去拜访过他，也拜访过潘鹤先生。这本书里提到的好几尊雕塑的作者我都去拜访过，非常有缘。

我曾经问钱先生："你这一辈子做了那么多雕塑，哪件你最满意？"很多人不会直接回答这个问题，比如问莫言先生哪一篇作品他最满意，他肯定不会说，演员一般也不会说自己哪个角色演得最好。钱绍武先生却有点小孩子脾气，非常有趣，他几乎没有思考就说出了"李大钊"的名字。我又问他为什么？他当时讲了三点：第一，李大钊是中国共产党的创始人之一，是知识分子，所以他必须戴眼镜；第二，如果隐去他的面部表情不看，这尊雕像就像一座巍巍的高山；第三，人物端庄有远见，他代表那一代共产党人，也是中国梦的开端。钱绍武先生还提到当时因为李大钊的照片很少，发型也都是平头，于是他把平头也体现了出来；为了强调他"铁肩担道义，妙手著文章"，所以将肩膀塑造得特别宽，这也象征着李大钊先生是中国革命的伟大基石；其背后映衬着绿色的油松，视觉效果非常强烈。《李大钊纪念像》是大钊公园的重要文化景点。

不是每个人都能够遗世独立。激流勇进也好，急流勇退也罢，不仅仅需要超高的悟性，更需要巨大的勇气。

当然，还需要有人以艺术形式惦记着，惦记得好，便可以御风而行。

八、《八大山人》

最后介绍的一尊雕塑是《八大山人》，创作者也是唐大禧先生。将《八大山人》放在最后来讲源于我自己的想法。大家可能也注意到了，由于历史原因，一段时间里，我们创作艺术作品的特点，在戏剧中体现出来的是"高大全"，在美术作品里则是"红光亮"，也就是又红又光又亮，形象要高大、完美。

完全"高大全""红光亮"的创作理念，肯定是不对的。

举一个例子。

九江离武汉不远，是江西通过长江与武汉连接得最近的一个城市。九江县曾是九江市的下辖县，后撤县设柴桑区。诸葛亮柴桑吊孝就在这个地方。当初还是九江县的时候，当地想做一个旅游景点，邀请我们去做策划，当时确定的景点名称就叫"中华贤母园"。为什么呢？因为在我们的传统文化中，岳飞的母亲、陶侃的母亲、欧阳修的母亲和孟子的母亲并称为"中

华四大贤母"。其中岳飞的母亲葬在九江，陶侃的母亲葬在都昌，欧阳修的母亲葬在吉水，就差一个孟子的母亲不在江西。所以，江西拥有三大贤母，把景点取名为"中华贤母园"有着可靠的历史依据。

中华贤母园的大门入口处需要放置一尊雕塑，地方政府邀请了时任中央美院的雕塑系主任来设计。因为做一尊雕塑需要大量的资金，样稿出来之后，九江县的同志就打电话让我们过去评判一下是否可行。我看了之后就觉得，样稿的风格类似于前面讲的《八女投江》那种英勇向上的精神面貌，人物的头发被风吹着，昂首挺胸，要称之为"中华烈女"是可以的，但对中华贤母园来说却不合适。就像《欧阳海》的雕塑一样。为了能表现出贤母的形象，其身份要有其他参照物来衬托，所以必须要有对应物，比如拉着孩

《八大山人》 当代 唐大禧

子的手。所以这尊雕塑不能昂首挺胸，也不能只是一个人，必须牵个小孩。另外，过去的贤母日常生活之一主要就是"教子"，教小孩读书，培养他的好习惯。因此，大家可以去看今天中华贤母园的雕塑，就是一个母亲牵着一个孩子，深情地看着他。小孩子懵懂天真，手里拿着一本书，望着自己的母亲。

中华贤母园的雕塑，虽然离"红光亮""高大全"远了，却与贤母的本体形象更近了。

余秋雨先生有一篇文章叫《青云谱随想》，第一句话是这样说的："恕我直言，在我到过的省会中，南昌算是不太好玩的一个。幸好它的郊外还有个青云谱。"历届南昌市委市政府的领导都对这句话耿耿于怀，认为是贬低南昌的。他们知道我跟余秋雨先生有些来往，每每抓到机会便跟我说，"你是南昌的市民，要为南昌做一件事，那就是请余老师重新写一篇《青云谱随想》，为'不太好玩的南昌'翻案。南昌其实有非常多好玩的地方"，等等。我就说人家只是当年到这里来的时候确实没有什么地方玩，幸好还有一个"八大山人"。作家写文章讲究起承转合，为了突出八大山人，于是就把整个南昌都压低来写，不提什么滕王阁，不提王勃，只说八大山人，所以其他地方都不好玩，只有八大山人让人觉得好玩。这是写文章的一种技巧，也是历史真实，我觉得没有什么好计较的。

相反，我倒认为余秋雨先生的判断是对的。八大山人，不但是南昌的一张名片，还是中国的一张名片。

八大山人纪念馆中的《八大山人》雕塑就做得非常好。

进入八大山人纪念馆，首先就会看见这尊雕塑。但它非常不起眼，给人的印象是个子不是很高，完全就像一个我们在街头碰到的普普通通的老人。前面比较了中华贤母园的样稿和如今的雕像，可以看出这样的八大山人反而才是真实的。评判标准有如下两点：第一，他是明朝宁王的后裔，气质非凡；第二，雕塑的身形与史料的记载大体一致。即使他是一个举世闻名的画家，也不能为了美化他就将其身材拔高，违背史实。

八大山人的画主要有两种颜色，既是中国写意画的高峰，也是水墨画的高峰。用简单的色调和平实的艺术语言去塑造八大山人，是唐大禧先生审美判断的重要体现。

假设我们把教育看作对一个人的塑形，那么当时人的塑形基本是在7岁左右。7岁这个起点非常重要，既是学校教育的开始，也是家庭教育的开始。我们应当重视小朋友六七岁的这个阶段。塑形，要从家庭教育开始，而不是将重心放在选学校上。

我认为八大山人在12岁以前应该受到了非常良好的家庭教育。首先，他不愁吃、不愁穿，其次，他的父亲是个画家，画得非常好，从小就教他画画，所以八大山人的基本功都是小时候练出来的。到他十几岁的时候，清兵入关，一般的老百姓，特别是我们汉族人，多次遭受屠戮。中国历史上有两个朝代是由少数民族统治的，一个是元朝，另一个是清朝。元朝将人分为四等，只要身上有蒙古人的血脉就是一等公民；第二等是色目人，指的是中亚、西亚的各国民族，眼睛不是黑色，而是蓝色或其他颜色，虽然比蒙古人差一等，但地位比汉人要高；汉人里面又分两等，北方的汉人是三等公民；长江以南的，比如江西，就属于四等公民。

在清朝，明王室的后裔无疑是最下等的。因为清朝推翻的就是明朝的统治，清王朝的统治者想当然地认为，明王朝的王室后裔是最有可能造反的，所以一定要赶尽杀绝。于是八大山人跟着父亲逃难到了一个村庄里。村里有一个在明朝中过举的人，他知书达理，就接纳了他们。但时间一长那人也觉得不好，刚好村边有个庙，他就建议父子二人去出家当和尚，躲在庙里，头一剃就不存在什么"留头不留发、留发不留头"的问题了。

　　这一出家就是整整 40 年。在这个过程中，八大山人完成了对世界的全部感悟和认知。他每天做的事情就是看书、画画。可以想象，他每天一睁眼，便是对明王朝的怀念，便是对从前欢乐时光的回忆，以及对清朝的不满，他的满腔愤怒都抒发在纸上。"墨点无多泪点多"，指的就是他的画里墨不多，眼泪多。八大山人几个字被他写出来就是哭之、笑之；他画的鱼、画的鸟、画的猫，都是翻着眼睛的，也就是我们所谓的"翻白眼"。中国人把以眼看人分为两种：一种叫青眼，表示的是喜爱或尊重；与之相反的是白眼，表示的是鄙视或不满。

　　当时，南昌北兰寺里有一个住持，叫澹雪，他也是明王室的后裔，也喜欢画画，写书法，所以收留八大山人在庙里长达 10 年。后来，这个和尚因为"妄议朝政"，被砍了头。于是，八大山人在北兰寺也住不下去了，最后在 70 多岁时只得在南昌城郊搭了一个茅棚，取名"寤歌草堂"，在里面住了十年左右。80 多岁时，八大山人在草堂里去世。死的时候草堂里只有一张床，一张桌子。他的一辈子可以说是多灾多难。

　　"圣洁的狂僧"是一种概括，"哭之笑之"是一种概括。

　　唐大禧先生为八大山人塑像，也是一种概括。

　　八大山人肯定没有当过道士，凡是关于八大山人当过道士的说法，肯定是不对的，违背了历史真实。之前有人写了话剧让我看看剧本，里面竟然说八大山人还有两个梦中情人。我觉得简直是在蹂躏八大山人的情感世界，我坚决拒绝去看。后来，还有人在网上评论说这个戏有多么好，不管它哪里好，有没有女孩子喜欢他，他又有没有喜欢过谁，既然他的字里行间从来没有流露过，那我们就是不知道的，不知道就不能乱编。

　　非要说他有梦中情人这种做法，毫无疑问属于哗众取宠。就像雕塑一样，一切艺术，做到真实还原才是最好的。

　　唐大禧先生雕的《八大山人》，还原了一个真实、可敬、可爱、能融入普通老百姓的大名家。

艺术的标准

我的业余爱好之一是做美术评论。我们对艺术作品的评价就像模特要看三围一样，不能其中一围合格就将其定为冠军或亚军。对于艺术作品来说也需要有几个标准。我的标准是文化厚度、思想高度和技巧表现度，这三个度平均每个 33.33 分。很多人不明白为什么画得非常像还不能算合格，那么参考我这个标准，大家就会明白了。有的画家画得很好，技巧表现度可以达到满分 33.33 分，但没有思想高度，也没有文化厚度，虽然其中一项是最高分，但另外两项都是零分，因而这个作品就是不合格的。

前面讲到，大家的温饱问题解决了以后，其需求就会延伸到精神世界当中，其中离我们肉身最近的就是艺术。但是我们很多人都没有接受过系统的艺术教育，审美的水平普遍不是很高，所以虽然很多地方都会办画展、书法展，但作品是否合格其实很多人并不清楚。现在，大家基本不用毛笔写字，而是用键盘打字。用钢笔写字或许可以看作读书人的标志之一。有的人用毛笔写字，一个月以后就自诩为"著名书法家"，一年后就以为自己是"大师"了，真的是这样吗？

大家可以在网上看我之前的一篇文章，叫《石块高垒的肃穆》，写的是我们江西已经去世的书法家陶博吾。陶博吾先生的字画，一般人看了一定会觉得不怎么好看，但他写的字就可以称作书法。为什么呢？依旧是前面提到的三条标准，比如它的文化厚度有 30 分，思想高度也有 30 分，技巧表现差一点，只有 10 分，那也是合格的，70 分了。所以，无论是什么东西，都应该有一个评价体系或评判标准。

有一次，我跟中央美院的博士生导师邱振中先生一起吃饭聊天。我对邱先生说，从早到晚写理论著作，肯定是没几个人看的，如果制定出书法的五条或六条标准，无论是对社会进步还是人们审美水平的提高，都大有好处，也是一件大好事。他却认为书法的标准是没有办法统一的。我说这话应该也不对，记得弘一法师在 1926 年定过六条标准，因为定得不太恰当，所以大家也没有推广开来，但起码可以证明评判标准是可以制定的。

古人对书画家还有一类标准，叫"诗、书、画、印、经"。从事书法创作的人，首先文章要自己写，王羲之的《兰亭集序》、颜真卿的《祭侄文稿》都是自己写的，抄唐诗宋词、毛主席诗词的，我以为算不得书法家。

书法家书写的内容是原创的，诗词需要自己创作，格言警句也应该是自己的。我把这称之为"原创书法"。这是关于"诗"的标准。

"书"指书法，"画"就是画画，"印"即治印。"经"则是指要读经书，数量不多，就"四书五经"这几本，大概花一年工夫就能读完。"四书五经"一本都没读过的人，能算大师吗？

我们现在的问题是分不清楚什么是书法，怎样才算得上一幅好

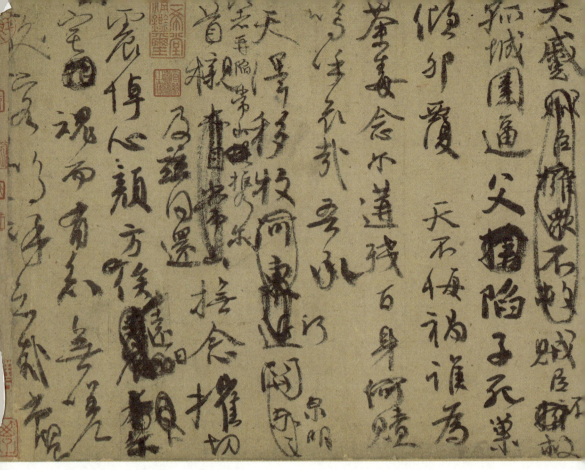

《祭侄文稿》 唐代 颜真卿

字？虽然一幅字确实好看，但是有时并不一定就是书法，书法是最能代表作者的情绪和感情的。喜欢书法的朋友可以去读一读颜真卿的《祭侄文稿》。这一书法作品上面有很多涂改的地方，甚至有大团的墨点。安史之乱时，叛军杀害了颜真卿守城的侄子，颜真卿为了吊唁他，用毛笔写下了这篇祭文。因为悲愤交加、情不自禁，他的手都在发抖，写出来的字也毫无雕饰，但是看完以后你的心一定是久久不能平静的。能触动心弦的书法作品才是真正的好书法。

书法作品里的诗文，我的看法是抄别人不如自己写。虽然可能没有唐诗宋词那么好，甚至只是一首打油诗，但总归是自己的，是自己的切身体会。抄李白、屈原、苏轼的诗赋，抄来抄去，始终是别人的体验和感受。

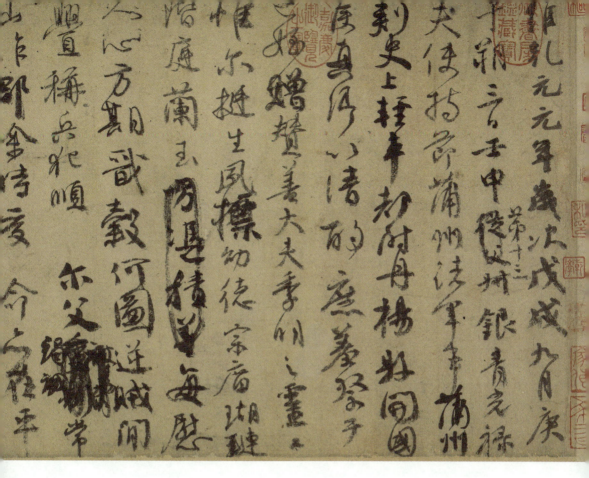

　　最后要讲的是，当我们进入精神生活领域之后，就需要欣赏更多的美。艺术基本上属于美学的范畴，这也是要跟大家一起欣赏雕塑艺术的最根本的原因。

　　当今社会的大多数人都处于忙碌的状态。有人曾经做过一个调查，在上海这样一个足以代表我国文明发展进程的城市，小孩子从读幼儿园到大学毕业，去过博物馆、美术馆和图书馆听讲座的只占 26%。而在法国，这一比例是 90%，那里的人们从小就会到博物馆等地方去听讲座。对于社会教育这一部分，我们国家也投入了很多精力，但却并没有多少内容真正地进入我们的精神世界当中。因此，我认为社会教育应当从接受美学的角度出发，让更多的受众提升审美能力。

　　我们大家其实都有这种需求，比如，"长江讲坛"就满足了这种需求。组织讲座的团队非常辛苦，要邀请不同的专家学者来讲，更重要的是要有观众来听。我们中国最有趣的一个现象是，如果有人被邀请去参加一个活动，第一个关注的点往往就是要不要自己掏钱。如果要自己掏钱，有些人是一定不会去的。关于钱这个问题确实比较复杂，钱是不能没有的，没有钱就无法拥有其他很多东西，但是只"向钱看"的民族肯定无法获得更高水平的发展，永远活在"第一层楼"。只有钱是不能到达"第二层楼"的，必须提高审美意识和审美高度，这样才不会花一大笔钱反而买回毫无艺术价值的东西，还兴致勃勃地向大家推荐。